U0353151

产业互联网
重新定义效率与消费

吴起 著

人民邮电出版社
北　京

图书在版编目（ＣＩＰ）数据

产业互联网：重新定义效率与消费 / 吴起著. ——
北京：人民邮电出版社，2018.1（2022.9重印）
ISBN 978-7-115-46985-4

Ⅰ. ①产… Ⅱ. ①吴… Ⅲ. ①互联网络－关系－产业
发展 Ⅳ. ①TP393.4②F260

中国版本图书馆CIP数据核字(2017)第253548号

内 容 提 要

本书是一本讲解产业互联网的概念、方法论以及实践案例的书。随着人口红利的消失，围绕流量和平台之争的消费互联网的上半场已然结束；而围绕各大传统产业"+互联网"的产业互联网的下半场悄然开启。产业互联网的主旨，就在于提升效率以及重塑消费体验。

本书的所有案例，均来自作者的亲身经历，覆盖了房产、教育、装修、家居、医养、日化等众多行业的"产业+互联网"。在众多案例当中，本书提炼出了共性的方法论和策略，并在实践样本的解读中，将这些方法论和策略进行反复的演练，便于读者后续的学习。

通过案例，本书详细解读了产业互联网的方法论在具体行业中的运用，提供了从顶层架构的企业战略定位、商业模式重构，到战略解码、标准化策略输出，再到营销、管理、信息化等在内的全系列策略及实施方法。

本书既适合需要转型升级和"+互联网"的各个传统行业的人士阅读，也适合互联网行业、投资界、IT界的人士阅读。

◆ 著　　　　吴 起
　　责任编辑　李士振
　　责任印制　周昇亮

◆ 人民邮电出版社出版发行　　北京市丰台区成寿寺路 11 号
　　邮编　100164　　电子邮件　315@ptpress.com.cn
　　网址　http://www.ptpress.com.cn
　　北京捷迅佳彩印刷有限公司印刷

◆ 开本：880×1230　1/32
　　印张：6.75　　　　　　　　2018 年 1 月第 1 版
　　字数：298 千字　　　　　　2022 年 9 月北京第 16 次印刷

定价：49.80 元

读者服务热线：**(010)81055296**　印装质量热线：**(010)81055316**
反盗版热线：**(010)81055315**
广告经营许可证：京东市监广登字 20170147 号

序言

互联网下半场

一

  一直不愿意下笔写这篇自序，一度甚至怀疑自己患上了严重的拖延症。直到有一天，责任编辑老师告诉我说，"你还需要有一篇自序，至少要说明一下，你为什么会写这本书"，我才恍悟，原来我是在逃避，不是这篇文字，而是自己过往的心路历程。至于为何要逃避，究其原因，我还远没有"放下"太多的东西，我还有太多不敢言、不便言、不能言的话语，因为仍在局中。然而，毕竟已经迈出了一大步，至少已经不是套中人了，又写了这样一本书，所以终究还是要写一点文字，来回忆一下自己的呐喊、自己的彷徨、自己的初心。漫漫修远，上下求索，混沌间我便从线上走到了线下，从纯互联走到了产业互联，蓦然回首，所谓的总结和提炼，如若几年之后再看，很可能幼稚得让我自己都不忍目睹。然而，这些内容在今天的时点上，仍是具有先锋性，甚至颠覆性，既是观点，也是实践，更是结果。故而，权且用这篇忐忑中写下的自序，来为本书的写作画上一个标点符号，但至多是一个分号，因为产业互联网的实践，还在路上，一切，才刚刚开始。

二

鲁迅在《呐喊》自序中，有这样一段文字：

"假如一间铁屋子，是绝无窗户而万难破毁的，里面有许多熟睡的人们，不久都要闷死了，然而是从昏睡入死灭，并不感到就死的悲哀。现在你大嚷起来，惊起了较为清醒的几个人，使这不幸的少数者来受无可挽救的临终的苦楚，你倒以为对得起他们吗？"

"然而几个人既然起来，你不能说决没有毁坏这铁屋的希望。"

后面反驳鲁迅的这个人，在《呐喊》里化名叫"金心异"，其实是著名学者钱玄同。连名字都只用化名，连鲁迅都不知道是否应该呐喊，只有一个原因——他们倡导的文化，《新青年》，不是彼时的主流文化，甚至与主流文化是相左的。然而到了后世，这却是一个百年后仍让我们高山仰止的符号。

本书倡导的主题——产业互联网，与《新青年》类似，至今仍不是主流的互联网文化；而本书诟病或质疑的诸多内容，反而正是当下的主流、热门乃至风口。从一个肥沃、虚浮、高贵的泡沫中往出走，去向一个洼地，踩到了实在的土地上，却是一个干涸的黄土地；在去的路上，还在喃喃呓语，岂不是又一篇"狂人日记"？

然而，狂人也罢，呐喊也罢，其背后都必定有一段漫长的彷徨。孤独无依，进退失据，谓之彷徨。能从彷徨中走出来者，必有坚定的初心与价值主张。这里的价值主张，于我而言，"生而不怠，火而不再，熟而不续，新而不惧"。坚守或放弃一件事物，评判原则取其道而不取其利；但凡找到道之趋势，虽千万人吾往矣。

既然说到坚守或放弃，就免不了触碰到近年来的各种风口机会。事实上，直播、PGC（Professional Generated Content，专业生产内容）、IP，影漫游联动，入口，云平台……这些根本就不是创新，也谈不上互联网思维或风口，因为过往 10 多年间早就被无数次实践过。在消费互联网的后期，做什么不重要，重要的是谁要做。只有 BAT（指百度、阿里巴巴、腾讯）量级的大玩家参与角逐，一个行业或垂直领域才能快速变成风口或机会；而 BAT 们参与的理由往往是很无厘头的，比如个人喜好或理解，迎合或制造资本趋势，竞品跟随，乃至众口铄金。对其余绝大部分的从业者，需要做的只是跟随炒作、融资和资本的钱、刷数据以及追逐资本套现的机会。

怎么理解这个潮流呢？譬如一幅油画，原本只卖作几万元，忽然间赢得了几位大佬的赏识，竞相拍卖，价格忽地就过亿元了；等到大佬们的风头一转，过亿元的收藏品又跌回原价、无人问津。更多的人，赚的是这个过程中的资本涌入、退出的溢出部分，而这幅画本身的价值已经不那么重要了。需要说它是什么，它就是什么，最多未来的时候再抛出一个反面观点，来总结某些接最后一棒的人有多么的愚蠢。然而，当资本和人才都聚焦在虚拟的价值上，数以百万计的互联网团队簇拥在小的难以呼吸的一小块土地上重复建设着，甚至构建的是一堆堆根本没有实际产值的泡沫，只是或靠历史红利续命，或靠资本市场的投机者输血。那么，谁去关心真正决定民族复兴的实体经济"+ 互联网"的产业进化之路呢？泡沫里温暖、熟悉、高收入、高美誉度，而泡沫外很可能意味着陌生、苦难、波折性和不确定性。百年前的"铁屋子"在今天舒适化、高贵化了，然而却并不能影响其中的纯线上互联网正在变成传统行业；而与此同时，传统行业加上产业互联网之后，却正在变成未来。现实版的反转大戏正在上演，这一声呐喊，虽然微弱，却是历史的声音，属于当下，更属于未来。

三

仅有呐喊是无用的，重要的是实践，而这里的实践，自然就是产业互联网。最初从纯线上互联网走进实体经济，走进传统行业，一拨人视你为洪水猛兽，另一拨人与你言语不通，而你又因长期醉卧庙堂，不知江湖疾苦，自身腿脚也早已软塌，不接地气。这个时候，大部分互联网人都会瞬间缩回去，回归到自己的舒适区，继续享受自己的行业红利与职位红利。而少数坚定者，久而久之、设身处地，才会感悟到，线上的企业家精神，是多么的孱弱；线上对于实体经济业务的渗透，是多么肤浅；而传统企业进化升级的历史契机与决绝，又是多么磅礴浩大、势不可挡。互联网在这里，不再是玩流量、搭平台这些常见的套路，而需要与这个行业的本质运营规则和需求融为一体、水乳交融。这种将线上与线下、传统与互联网合二为一的互联网形态，才是真正的产业互联网。

产业互联网的威力，一是来自产业自身的刚需、体量与积淀，二是来自效率提升与消费体验重塑给企业带来的质变，但最大的能量来自人，也就是产业互联网化的企业领袖们。这种企业领袖仍然是创始团队掌舵、亲力亲为，甚至绝对控股。他们对"烧钱"和"泡沫"基本是免疫的，不靠资本驱动过活，更关注自身增长的造血功能、自由现金流和利润。他们对自己所在行业的理想仍在，不忘初心。进而，自下而上的产业互联网化，是尊重历史，尊重文明，尊重经典管理思想，尊重诚实守信，尊重利益相关者，尊重品牌和知识产权，尊重规律，尤其尊重对自己有过恩惠和教导的人和企业。而这与纯线上互联网世界的浮华，以及自上而下互联网"行业革命"的无底线，是有鲜明对比的。因为产业互联网与消费互联网不同，它不再是博眼球和泛娱乐，而是扎根到了各类产业的内核中去，比的不再是谁跑得快，而是谁跑得远。然而互联网的下半场，却只能是一部书——"西游记"。因为九九八十一难尚在前头，无可避免，胆怯者大可躲回泡沫中安静地做回"老油条"，而互联网猛士将在产业互联网的道路上，筚路蓝缕，砥砺前行。

2017 年 8 月于北京

推荐序

传统企业破局之道

在"互联网 +""+互联网"与"产业互联网"三个概念中，我觉得"产业互联网"更明确、更具体，更容易让传统企业知道转型升级的方向；尤其是让它们知道，它们所面临的互联网机遇，和纯线上泛娱乐的互联网（也就是消费互联网）有什么不同。这个概念升级本身，就是一个巨大的进步。而吴起老师的这本新作《产业互联网：重新定义效率与消费》，则真正意义上第一次把产业互联网从定义、历史、现状，到方法论、策略乃至多个行业的案例，都阐述的很有高度、又极接地气。这是具有多年深耕于顶级互联网企业的资深专家才能讲得清楚的。

成立广东省首席信息官协会之后，作为秘书长，我也曾访谈过多个行业正在往"+互联网"转型的代表企业，比如南方航空公司、欧派家居、广州地铁集团、华侨医院等。在这些访谈中，我深刻感受到，传统企业的首席信息官，未来有一部分要担负起"首席互联网官"，或者"首席产业互联网官"的使命。他们不仅要负责企业的信息化管理，更要肩负起这个企业乃至整个行业的产业互联网升级和进化。这就要求未来的首席信息官，不仅要懂技术、懂信息化，还要懂互联网营销、运营、管理、战略。唯有从战略出发，从商业模式出发，从企业当下痛点出发，推导出必要的策略和路径，再落地到具体的信息化和网络营销，才能让传统企业互联网化变得更接地气、更有结果导向。而如何让这个"首席信息官"升级成"首席互联网官"的难题，一直困扰着我，直到我看到了吴起老师的这本书。

我觉得这本书就是一把钥匙，一个解决上述难题的钥匙，一个能帮助到传统企业进化升级的钥匙。为什么它能成为这把钥匙？这与吴起老师特殊的职业经历是分不开的。吴起老师在纯线上的互联网行业做过十多年的高管，所在的公司均是著名的互联网公司、上市公司；从移动互联网到视频网站，从综合门户到垂直媒体，从游戏公司到直播平台，吴起老师可以说经历了消费互联网的整个过程，在互联网企业中的管理范围也包含了产品、技术、运营、市场、内容、商业化等几乎所有领域，可谓身经百战。这种知识结构和履历的互联网高管，又因为偶然的契机，深扎入产业互联网的领域，而且一扎就是跨界、多行业的深度咨询，以他深刻的思考、敏锐的观察和高度的总结，把诸如房产经纪、职业教育、家庭装修、医疗养生等各种传统行业转型中的共性方法论和策略提炼出来，再结合战略定位和商业模式的升级，概括出了一整套自成体系、来源于实战的理论和行动学习方法，也就是这本《产业互联网：重新定义效率与消费》。这既是吴起老师对自己十多年在消费互联网经历的深刻反思，又是他在传统行业游学、实践的干货心得，我想一定会给传统行业的企业家们带来新的思想和实践，而这也正是我们首席信息官协会所倡导和希冀的。故而，我提笔作序，希望各行各业的企业家们，能从这本书中，得到自己升级进化的一把钥匙。

周庆林

2017年 8月

目录

INDUSTRIAL INTERNET

上篇	黄金时代：产业互联网的时代

第 1 章
产业互联网，究竟是什么   001

> 产业互联网，不是指为传统行业提供 B2B 信息化服务的工具或平台，这仅仅是产业互联网在工具层或流量分发层的一个小分支。真正的产业互联网，指的就是进化之后的传统产业，它是产业自身发展的新阶段。对这个阶段，更准确的用词，应该是"产业＋互联网"，简称产业互联网。所以，它的本体、它的主词，是"产业"自身，而不是互联网。

经济新常态下的互联网行业，正处在一个超大型泡沫当中，除了"红利的尾宴"及"资本的接力棒"两种主流的商业逻辑之外，其他方向"人迹罕至"；而其年产值6000亿元人民币的现状，也与其动辄百倍以上的估值之间，形成了巨大的反差。而传统行业在经济新常态下，同样遭遇了市场环境、营销环境、消费者结构、传播形态等系统级、生态级的危机，传统行业＋互联网，成为化解危机唯一的钥匙。产业互联网时代已至。

INDUSTRIAL INTERNET

下篇　产业互联网的思维、策略与实战

第3章
结构化思维：产业互联网的核心思维方法　081

结构化思维，以"识别、对应、结构、表达"为要点，是产业互联网最核心的思维方法。在这种思维方法的指导下，可以将任何一种行业的业务动作做最小颗粒度的"切片"，进而对其进行重组、改造、升级，尤其是针对痛点问题输出策略。而通过一整套互联网的产品和系统，有效地落地执行这些策略，就可以最终实现产业互联网的提高效率、重塑消费体验的两大结果。本章则以互联网装修作为案例，比较直观、形象而又系统化地阐述了上述理论。

提升效率，是产业互联网核心的主题之一。这个主题，在房产经纪行业的进化过程中体现得尤为典型。尤其是以21世纪不动产中国的"M+"模式为代表的新一代房产经纪"共享经济"策略，通过房源共享规则、客源分配规则、互联网作业平台等多元化的资源输出，助力中小房产经纪公司完成创业梦想、实现特许加盟体系的协作共赢生态。资源驱动规则建立，规则驱动效率提升。而当商机分配效率、经纪人作业效率、管理人管理效率、客户成交效率等通过产业互联网化的策略和产品得以提升之后，房产经纪行业的共享经济理想也得以践行。

重塑消费体验，和提升效率一样，是产业互联网核心的主题之一。这个主题，在职业教育行业的进化过程中体现得尤为典型，以恒企教育为代表的，围绕着"拉新、留存、转化"的用户成交漏斗，"职业规划、学习计划、预习、听课、练习、复习、考试、实操、就业"的9大智能学习动作，以及"素质学习、职场社交、定制化学习"等终身职业教育的后市场，一整套基于线上线下一体化运营、信息化管理的O2O教学、教务模式，实践了产业互联网典范级的方法论。

某种意义上，产业互联网也是一个"节点"——一个连接着历史与未来的节点。如果本书中论述的有关产业互联网的理论与实践是经得起推敲的，那么，它们则在一定程度上可以预言未来。传统产业的变革，不是简单的转型或自我颠覆，而是在尊重历史和行业基础上的"进化"。这种进化，既需要勇敢和坦然地拥抱来自产业互联网的变化，同时也需要清醒的认知自身行业和企业的能力边界、优势资源和本质商业模式，防止被各种思维或模式忽悠，从而真正实现"＋互联网"式的升级。围绕传统产业进化的趋势，本书抛出了关于未来的5条预言，都与本书中的理论、案例息息相关。解读这5条预言，则既是对本书的主题——产业互联网的一次另类总结，又是对泛传统行业如何进化的一种指导。

INDUSTRIAL
INTERNET

上篇

黄金时代：产业互联网的时代

第 1 章

产业互联网，究竟是什么

产业互联网，不是指为传统行业提供 B2B（Business-to-Business，企业到企业）信息化服务的工具或平台，这仅仅是产业互联网在工具层或流量分发层的一个小分支。真正的产业互联网，指的就是进化之后的传统产业，它是产业自身发展的新阶段。对这个阶段，更准确的用词，应该是"产业＋互联网"，简称产业互联网。所以，它的本体、它的主词，是"产业"自身，而不是互联网。

1 鸡同鸭讲的口水乱仗

时至今日，还没有一个人，真正能说明白"产业互联网"究竟是什么——虽然，各种振臂高呼"产业互联网时代已至"的文章，早已铺天盖地。

曾几何时，在各种论坛与会场上，专业的产业评论员、经济学家、投资人抑或是大学教授，在酣畅淋漓地讲述完消费互联网是如何随着人口红利消失而遭遇瓶颈、产业互联网又是如何顺应传统企业转型升级之需之后，往往突然话锋一转，旁征博引几个诸如建构产业园区、融资体系、跨界融合的宏观理论，或者是云计算、大数据、物联网等时髦概念的解决方案之后，论述便戛然而止了，让台下刚听得兴趣盎然、期待满满的传统企业家们，一头雾水、不知所云——这就是拯救我们的良方和救星吗？

至多，有实战经验的一些专家学者，会尝试列举出几个近年来新兴的、聚焦于传统行业产业链服务和上下游打通的网站平台，来佐证产业互联网的世界观和方法论。比如，号称互联网家装行业独角兽的"土巴兔"，比如专注于钢铁行业 B2B 电商服务的 "找钢网"等。但这种例证，反而让产业互联网的神秘和宏大，瞬间土崩瓦解、颜面扫地。

土巴兔，120 亿元人民币的估值，这就是产业互联网的独角兽了吗？且不说这尚是一个连商业模型都还没有论证成立、连盈利都还未实现的创业型企业，就拿它引以为豪的估值而言，在消费互联网领域，随便拎出两个直播 APP，泡沫化的估值都能立刻压死这只"独角兽"。

而找钢网、中农网这类传统行业的电商网站，由于知名度有限，所以不得不每言必谈央视前主持人郎永淳的加盟、前阿里巴巴副总裁卫哲的投资等。殊不知，这仍然是"欲盖弥彰"的心虚与无底气。这寥寥几个最大牌面的公众明星和企业名人，与消费互联网领域的数以万计的演艺明星、IT 名人和投资大咖相比，又如何匹敌？

如果土巴兔等就可以代表产业互联网的模式，那岂不是说房产行业的安居客、旅游行业的去哪儿网和携程网等已经存在了 10 年以上的垂直行业网站，早就是产业互联网了？如果找钢网、中农网等 B2B 的垂直电商就是产业互联网，那么阿里巴巴是不是就是最早的产业互联网？而阿里巴巴是早于淘宝出现的，岂不是说，产业互联网是早于消费互联网就出现了的？那谁是上半场，谁是下半场呢？难道，BAT 引领的消费互联网都"大势已去"，逆袭 BAT 的竟会是土巴兔、找钢网抑或是用友？宏大的世界观和趋势论，与落地后的巨大反差，又如何让互联网精英们和传统企业家们信服？

图 1-1 到底谁才是"产业互联网"

于是，来自消费互联网阵营的讥讽与质疑出现了。一篇名为《下半场，开始了吗》的文章写道，"现在让我找到了我的座位，等我问问身边的人，下半场真的开始了吗？上半场比分是多少？谁跟谁踢？下半场换球队了吗？"显然，不理解，或是不信服的人，对于是否存在互联网的上下半场，是否存在产业互联网的风口，甚至是否存在产业互联网，都是存疑的。一如上文所言，如果大家接受到的关于产业互联网的定义和案例，是那样一个量级的存在，那么，的确，这在消费互联网，也就是所谓的互联网上半场面前，犹如蝼蚁之于巨人，俨然是一个伪风口。更何况，自从"下半场"的概念流行之后，O2O下半场，网红电商下半场、共享经济下半场、手机直播下半场……各种伪概念层出不穷，更加剧了大家对互联网下半场是否存在的质疑。一如这篇文章中反问的，"Facebook目前处在上半场还是下半场？Snapchat呢？Airbnb呢？"这和我前文的问题如出一辙——如果土巴兔是下半场，那么为什么安居客和去哪儿网不是下半场呢？如果是，那么下半场到底是何时开始的呢？一场球可以上、下半场同时踢吗？再来一个更令人疑惑的问题——滴滴出行，到底属于消费互联网，还是产业互联网？当你试图找到答案的时候，你一定已经彻底混乱了。而这个时候，你多半已经开始怀疑，产业互联网是不是就是一个纯概念？它真的有独立的意义吗？

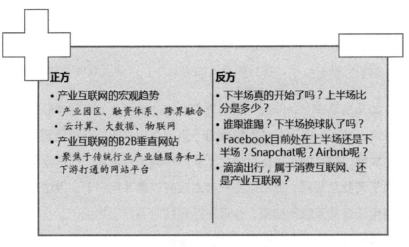

插图 001　关于产业互联网的正、反方观点

一个有趣的现象是，伴随着"互联网＋"的提出，产业互联网就已经跃然纸上了。然而时间演进到了 2017 年，在百度百科和搜狗百科，"产业互联网"的词条解释竟然都只是一本同名的图书，也就是说，还没有人能真正编纂出"产业互联网"这个概念的完整定义，有的只是"鸡同鸭讲"的建构与解构、趋势与伪命题之争。殊不知，主张建构和趋势者，如果既没有亲身参与过去 20 年的消费互联网的繁华与泡沫，也没有亲身体验传统企业的困境与求索，又如何能将产业互联网落地到传统企业的转型升级中去？而质疑产业互联网者，甚至连质疑的对象是什么都不清楚。

然而，无论这场"鸡同鸭讲"的口水乱仗打得如何，产业互联网，它真的来了，不是趋势，而是现实。

2 产业互联网，是产业，不是互联网

产业互联网，究竟是什么呢？

我们先来看一下，在目前普世的定义中，产业互联网指的是什么。

如果说消费互联网致力于消费者个体的虚拟化，是眼球经济和流量经济，那么，产业互联网则致力于企业的虚拟化，是价值经济。消费互联网，满足的是个体用户在互联网中的消费需求。**而产业互联网区别于消费互联网，泛指以生产者为服务对象（用户），以生产活动为应用场景的互联网应用**，体现在互联网对各产业的生产、交易、融资、流通等各个环节的改造、升级、能源节约和效率提升。产业互联网的到来，意味着各传统行业如制造、农业、交通、运输、房产、医疗、教育、家居等的互联网化。

上述的定义描述中，如果提炼出几个核心点，那就是如下所述的内容。

- 定位：传统企业＋互联网化，传统产业＋互联网化。
- 服务对象（用户）：企业中的工作人员，供应链上的合作伙伴。
- 主要内容：研发、设计、采购、生产、营销、交易、流通、融资等各个环节的升级。
- 覆盖领域：制造业、农业、交通、运输、房产、医疗、教育、家居……各大传统产业。

这些要点已经把产业互联网的轮廓和特点描述得比较清晰了。但有一个最关键的落脚点，却被含糊地带了过去——产业互联网的本质属性到底是什么。

　　上述的定义当中，使用了一个词——应用，产业互联网被定义为一种互联网应用。那什么是应用呢？从字面上解释，应用是远远低于产业互联网这个大概念的一个微小概念。用一个微小概念，去定义一个大概念，这就是各种认知混乱的根源所在。而一些行业大咖的演讲，也都在虚化对于产业互联网本质属性的定义，比如宽带资本的董事长田溯宁，他对产业互联网的描述是——"产业互联网是一种力量，它在塑造着社会，塑造着新的文明，塑造一个我们现在可能还很难想象的一个新的未来"。用"力量"这种抽象化的词来替代"应用"这种具象化的词，虽然可以避免以偏概全，但却含糊而不明确，难以落地。于是，产业互联网，在更多的场合下，往往会被解读为一种给传统企业或者传统产业的从业人员提供信息化服务的工具或平台（在上述定义中，被统称为"应用"）。这也是为什么土巴兔、找钢网这类网站或平台被视为产业互联网的代表的原因。

　　我认为，产业互联网，绝不仅是给传统企业或者传统产业提供信息化服务的工具或平台这么狭小。因为信息化服务工具或平台，至多是一个年收入规模百亿元的小市场而已，和年 GMV（成交总额）几十万亿元的传统行业体量有着天壤之别。所以，产业互联网不等于这类"应用"。这类应用至多是产业互联网在工具层的一个小分支——几十万亿元后面跟着的一个小尾巴。

　　真正的产业互联网，指的就是进化之后的传统产业，它是产业自身发展的新阶段。对这个阶段，更准确的用词，应该是"产业 + 互联网"，简称产业互联网。所以，它的本体、它的主词，是"产业"自身，而不是互联网。产业互联网，已经不属于"传统意义"上的互联网行业的范畴。传统实业进化成新实业的过程中，"+ 互联网"起到了"关键的助攻作用"，但也仅仅是助攻，因为用户的核心诉求的解决，仍然是靠传统行业自身来完成的。而参与完成这个助攻的，有可能是上文提及的那类"信息化服务工具或平台"。这是两者之间的关系。

我举一个例子来帮助读者理解上述比较抽象的理论。在传统的零售行业中，有一种常见的物流配送方式叫"车销"。中国有千千万万个零售网点，卖可乐的、卖饼干的、卖日用品的，等等。这些零售网点的物流配送，是靠车销人员开着车，拉着货，一家家按需配送和供给的。车销的方式，在传统的情景中，有以下弊病。

- 每个零售网点要货的信息，非常零散、随机和不规范，经过多次传递可能会出现信息错误。比如，经常会出现零售店提了需求，但车销人员到达时没有备足货的情况。
- 每个零售网点只能靠业务人员的经验来判断每种货物的需求频次和数量，没有系统级的数据依据。
- 车销人员每日配送的货物众多，而每次需求的零售点都不同，所以每天都可能在走不同的路线组合；靠经验和感觉来安排次序，往往浪费路程而耽误时间，影响效率。
- 车销人员和每个零售店的交易，是纸质记录的，容易出错或丢失。
- 零售店会有"赊账"的情景，拿货而尚未付款，纸质记录容易出错、甚至有不认账情况。
- 车销人员每次回到单位，至少要 2 小时的时间，完成当日所有零售店的财务记录、报账、对账，烦琐而效率低下。

而一旦"车销"加上互联网，上述的弊病就全部迎刃而解了。比如在一款叫"e 快销"的车销工具 APP 当中，零售端可以通过 APP 发起配送需求，并有系统级大数据提供的预测依据。而车销人员则通过销售端的 APP 来记录每一家零售端的供货、结算情况，一边数据实时同步到云端，一边蓝牙连接小型打印设备打印账单给零售店店主，实现移动数字办公。当车销人员结束一天的配送之后，他再也不需要花2 小时来把所有纸质的记录手动入库了。甚至，当第二天的配送需求被分配出来之时，系统可以根据地图计算出最合理的配送路线推荐给车销员（见图 1-2）。移动作业，带来的是效率的提升和标准化程度的提高。

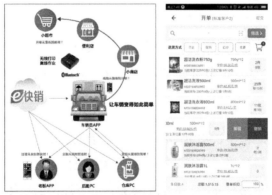

图 1-2 "车销"模式的产业互联网化

回到关于"产业互联网"的定义，来看这个案例吧。如果把"e 快销"这类的产品，定义成产业互联网的全部，那就还是被束缚在原有的互联网的概念之下——一定是一个在线上运行的、基于 Web 或 APP 端的产品带来的价值。但我们假定"e 快销"拥有 10 万个客户，每个客户年费 1000 元人民币，那也只是 1 个亿的年销售额；而即便是到达这个规模，对于一个创业型项目，可能也需要好几年的时间。如果这就是所谓的"产业互联网"，那的确是太渺小了。然而，"e 快销"这种对车销模式的进化，给整个传统零售业带来的效率提升的价值是多大呢？很可能，在一个三线城市里的价值提升，都远远超过 1 亿元。根据 GE 白皮书里的测算，仅在航空、电力、医疗、铁路、油气这五个领域，如果引入产业互联网支持，假设只提高 1% 的效率，那么在未来 15 年中预计可节省近 3000 亿美元。而这才是产业互联网的价值释放。

再回到之前多次举例的装修行业之于土巴兔。产业互联网在装修行业的运用，最终一定是让传统的装修行业得以进化。进化之后的装修企业（如东易日盛等），它们就是产业互联网的主体；而土巴兔只是为这些传统装修公司进化提供辅助性资源协助的工具或平台，辅助的资源包括流量商机分发、供应链提供以及标准化质量定义等。土巴兔的百亿元估值，在 BAT 这类消费互联网产业面前微不足道，在年产值 4 万亿元的传统装修行业面前也微不足道，它本身只是产业互联网在工具层的一个小分支。但经过"+ 互联网"之后的整个装修行业的进化，是在 4 万亿元基础之上的升级和腾飞，这个产业互联网的本体，才是令人震撼和期待的。

辅助、分支、估值 100 亿   本体，产值 4.3 万亿，进化

插图 002　产业互联网的分支与产业互联网的本体

产业互联网，是产业，不是互联网，至少不是传统意义上的互联网。所以，未来在产业互联网大潮下腾飞、有机会挑战 BAT 的，可能不是一些新型的提供产业互联网工具或平台的应用，而恰恰是诸如新东方、碧桂园、链家、红星美凯龙这类传统行业的巨头。它们今天的身份，仍然是"传统行业"；但明天的身份，就可能是"产业互联网"。

3 产业互联网：制造业 + 服务业，提升效率 + 重塑消费体验

　　既然产业互联网就是"产业＋互联网"，它的本质属性是产业本身。那么，传统产业都包含哪些行业，它的外延究竟有多大呢？虽然随着颗粒度的不同，传统行业包含的行业类目也是各不相同，但无论怎样分类，无外乎两个大的类别——生产制造业和服务业。服务型企业拥抱产业互联网，就可以实现现代化升级；制造型企业拥抱产业互联网，就可以实现智能制造升级，或者服务化转型。

　　说到这两个分类，就不得不提及产业互联网论述中最喜欢引用的一面"虎皮"——GE 的 Industrial Internet 论。如图 1-3 所示，Industrial Internet 可以有"广义"与"狭义"两重理解。狭义的 Industrial Internet，

基本可以等同于"工业互联网"，或者德国的"工业化4.0"，明确但又仅仅是指向制造业的，其核心是智能生产和智能工厂，其强调的就是"效率提升"这一个核心点。而广义的Industrial Internet，则基本可以等同于本书中的"产业互联网"的概念，是所有传统行业的互联网化，既包括生产制造业的智能制造和效率提升，也包括服务业的重塑消费体验和效率提升。

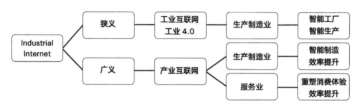

图1-3 "Industrial Internet"的狭义与广义概念

很多人都把产业互联网仅仅理解为Industrial Internet狭义的外延，即产业互联网就是提升效率。诚然，产业互联网的驱动力来自企业，而企业的生产侧的改进方向就在于提升生产效率。然而，传统企业的产业互联网升级，绝不等同于提升效率这么简单，重塑消费体验也是同等重要的必备转型要素。否则，谁将虚拟化的个人消费者与虚拟化的企业联系起来？这个最具价值的部分是属于产业互联网还是消费互联网呢？本书中论述的"产业互联网"，一定是广义的，它不仅包含以提升效率为目的的产业端升级，还包含有以优化体验为目的的消费端改造。因为消费者是产业的有机组成部分，是消费者的需求定义了产业的边界。**虽然我们承认互联网的上、下半场，承认消费互联网与产业互联网的区隔，但并不是说消费互联网要走向没落了，产业互联网是消费互联网的继承者。相反，产业互联网和消费互联网不仅不矛盾，**

还会同时发展下去。广义的产业互联网的外延，就包含它和消费互联网的交集部分，也就是重塑消费体验的部分。绝大部分传统企业的转型升级，都是按广义的产业互联网的外延方式落地实施的，即"提升效率＋重塑消费体验"。尤其对于中小微传统企业，它们大多是一城（覆盖区域）、百人（企业人数）、百万元（年收入）的现状，在很长一段时期内线下管理就足够了，哪里有那么多提升效率的系统化需求呢？相反，消费体验的升级以及线上引流转化，却几乎是所有企业的刚需。所以，如果照搬国外的 Industrial Internet 的狭义外延，无异于将产业互联网的覆盖对象，缩小为了大型传统企业，而将中小微企业彻底排除在外。

　　相对而言，服务业更容易向产业互联网化转型，因为整个商业环境正在从供给侧主导向消费侧主导转型，消费侧有能力向生产侧渗透。而服务业相对于制造业更接近消费者，服务业＋互联网，有着天然的基因耦合。再考虑到早在 2013 年，中国的服务业占比就超过了制造业，这部分的"服务业＋互联网"，已然成为了今天产业互联网的先锋军，比如医疗、养生、旅游、教育、房产经纪、装修、家政、清洁、婚嫁、母婴，等等。而在制造业，一方面传统制造业从大规模生产向个性化定制转型，也就是现在常说的 C2B（Customer to Business，即消费者到企业）或 F2C（Factory to Customer，即从厂商到消费者）；另一方面，即使对于那些原来只做生产制造供应、不面对消费者的企业，面对中国经济新常态的局面以及产业互联网的机遇，也存在"制造业服务化"的转型机遇和模式。

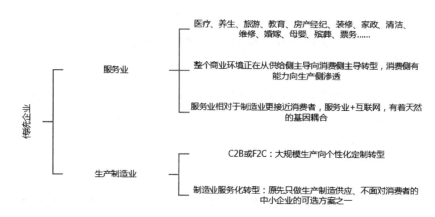

插图003 服务业与生产制造业的转型升级

比如，原先一个做按摩椅代工生产的工厂，现在在按摩椅上加上微信扫码的移动支付，通过代理商把按摩椅放在了车站服务区、火锅店等位区、卖场休息区等公共场所，吸引用户休息、等位时自助按摩、扫码支付；然后，大数据、信息化的互联网后台，可以通过统计全国几十万台按摩椅每天的消费明细，来智能化地调配高、中、低型号的按摩椅(对应不同的客单价、不同消费能力的人群以及不同的消费场景)和更匹配消费需求的数量去到达不同的场所。一个原先做代工的工厂，就变成了基于消费升级、产业互联网背景下的服务业。

再比如，竞争日益白热化的化妆品产业，供给侧严重供过于求，中小品牌几乎没有生存的空间。这个时候，一家叫诺曼姿的精油护肤品企业，开始了"精油＋身心灵课程＋心理咨询辅导"的跨界服务，从传统的工厂生产制造，转向"制造＋零售＋身心灵教育"的综合商业模式，通过用户购买产品的消费额来定义会员的分级，进而匹配后市场的身心灵课程和心理咨询服务，就非常有效地形成了差异化。传统的零售门店，现在既是销售场所，又是会员们和老师们交流身心灵课程和心得的轻社交场所；传统的产品销售，既是卖产品，又是延伸达到会员条件之后的免费课程学习。这样，一个原来"物理层的解决方案"（肌肤问题），就通过"制造业服务化转型"，嫁接上了"心理层的解决方案"（身心灵问题）；精油护肤品的销售，也就通过会员体系以及身心灵课程，得到了质变。

图 1-4　生产制造业服务化转型案例

上述的案例，非常典型地反映出了当下中国大量中小微制造企业的困境、转型与机遇。它们没有华为、海尔那样的规模，无法从智能制造、财务信息化、"工业 4.0"等维度去实现产业互联网化；它们又不是服务业，在转型之前更多的只是纯粹的供应链中的一个环节，面对的只是下游的销售代理或采购商，甚至连用户都接触不到。然而在中国的经济新常态到来之后，供给侧严重的供过于求，于是，制造业服务化转型，就成为了一部分企业自我突破、自我救赎的方法。

无论是上述这类中小微制造业，还是大型生产制造业，抑或是品类繁多的传统服务业，产业互联网的进化已成趋势，提升效率与重塑消费体验已成为产业互联网化的双引擎。这是一个属于产业互联网的时代，一个属于"传统产业＋互联网"的黄金时代。

INDUSTRIAL INTERNET 02

第 2 章

产业互联网 VS 消费互联网

经济新常态下的互联网行业，正处在一个超大型泡沫当中，除了"红利的尾宴"及"资本的接力棒"两种主流的商业逻辑之外，其他方向"人迹罕至"；而其年产值 6000 亿元人民币的现状，也与其动辄百倍以上的估值之间，形成了巨大的反差。而传统行业在经济新常态下，同样遭遇了市场环境、营销环境、消费者结构、传播形态等系统级、生态级的危机，传统行业 + 互联网，成为化解危机唯一的钥匙。产业互联网时代已至。

1 经济新常态下的互联网行业

语境：经济新常态下的互联网

要了解产业互联网的时代，就首先要了解互联网行业的现状。而要了解互联网行业的现状，则不得不先描述一下当前的宏观经济语境——经济新常态。因为，很多互联网行业的变化，都是因经济新常态的到来而开始的。

所谓新常态，指的是新周期中的中国经济。这是一种趋势性、不可逆的发展状态，意味着中国经济已进入一个与过去三十多年高速增长不同的新阶段。

经济新常态的宏观语境，给发展了近 20 年的互联网产业带来了巨大的变化。其中，投资的乏力，资本的收紧，是最重要的原因。因为除了早年依靠历史红利、人口红利而占有垄断性地位的一批互联网巨头之外，其他新兴的各类互联网项目，几乎未见能盈利的，基本完全依靠资本市场的资金在驱动成长。一旦找不到接盘侠，这类造血能力低下、企业家精神匮乏的企业，直接就面临崩盘。而与此同时，国内股市的长期疲软，又让曾经辉煌的互联网公司跌落神坛。中国电商委执行主任苏军在一次年会上说，2016 年是互联网神话不再的一年。这一年，"风口说"提出者雷军的小米，估值不足之前的 1/10；猎豹的股价也暴跌至之前的 1/7；一路高歌猛进、全面开花的乐视昨天还被膜拜，今天就已经从神一般的企业转眼遭到集体质疑，几乎遭遇灭顶之灾，至今劫难还没有完全过去。2015 年连续 26 个涨停的神股"暴风影音"，在追赶 VR（Virtual Reality，虚拟现实）风口推出"暴风魔镜"不到一年，就在 VR 业务线开始大裁员，办公室半数以上空空荡荡。新美大裁员，滴滴艰难前行，各种垂直行业 O2O 几乎集体阵亡；淘宝天猫"双11"的 1200 亿元之后，紧跟着的是网传的第二天大规模的退单——各家自消费刷单、自己给自己抹口红，进而制造泡沫、吸引投资的企图，已然变成了一种阳谋。这和一年一届的游戏行业盛典 ChinaJoy 上，很多中小厂商和从业者只能靠借钱来搭展台，试图"最后一搏"的举动，如出一辙。

在 2016 年第二季度的一次搜狐高管针对华尔街分析师的财报解读中，当被问到搜狐和搜狗的广告客户主要来自哪些行业的时候，张朝阳的回答是：互联网服务行业、电商、汽车、IT、快消品和服装。这里一个微妙的细节是，"互联网服务行业"已然在陈述中排在了其他实业的前面。互联网服务行业指什么？就是指各类其他互联网公司的产品或应用。当互联网行业的流量变现的买家，不再是实体经济为主，而变成了同样是互联网行业的其他玩家谁融到资谁就烧一把，烧完了乃至死掉了就换下一个融到钱的继续烧，这样的闭环玩法，又如何让大众不认为大量的互联网公司,其本质上更类似一个"庞氏骗局"呢?或许,很多企业的本意并不是骗局,但不断依靠新的接盘侠输血进入、老的接盘侠套现退出来维持企业运营的模式,的确是"庞氏"的,如图 2-1 所示。**庞氏,就算初衷不是骗局,但很多结果就变成了骗局。**

在二级市场,互联网公司的估值动荡,在一级市场,公开发售募资的各类基金广泛用于互联网概念项目的创投,这些钱都是来自普通大众。这样的风险,已经从机构投资延伸到了全民投资。而互联网公司动辄几百倍,乃至上千倍的资本溢价,已经远远不是透支 10 年、20 年的未来价值这么简单了——那是按常理的利润估值,几百年甚至上千年才能达到的一个巨型泡沫。而在经济新常态下,资本预冷、高估值公司无人接盘、企业无力建构正向现金流商业模式,都直接带来了大多数互联网公司岌岌可危,甚至命悬一线的后果。

图 2-1　"接盘侠"模式下的资本驱动

互联网产业的产值

可能依然有很多人认为,上述泡沫化,甚至庞氏化的互联网企业,只是少数的一部分。互联网,还是那样一个高高在上的神话行业,传统行业在其面前没有优越感和时尚感，仿佛传统行业就是老派、落后、笨重的代名词，而互联网行业则代表着先进生产力，甚至代表着未来的一切。这种"互联网优越症"及其对应的"互联网焦虑症"，不仅仅来自普通大众，甚至在很多传统行业内部也是认知模糊的。然而让整个传统行业啼笑皆非的是，在不少传统行业的企业以为经过几年的自我革命，已经摸到了电商大门、甚至已经大举挥师杀入线上的时候，马云却在 2016 年的 G20 峰会上说，阿里巴巴以后不再提电子商务了，纯电商很快会不复存在，取而代之的是新零售—— 一种线上线下一体化运营的 O2O 模式。在传统零售业在各地频现关门潮、痛苦绝望的实体渠道拼命电商化的时候，互联网企业却又态度坚决且雷厉风行地进入了实体渠道。阿里巴巴、京东等巨头纷纷整合收购传统的零售渠道。三只松鼠一个 300 平方米的线下小店，3 天时间涌入了 4 万消费者。而实体店的毛利率高于电商，已经是一个行业公认的现实。这种接近于"围城"的怪现象，的确让很多传统企业很迷茫。

不妨再来看一下马云提的"新零售"。在提出"新零售"概念之前，他还倡导了另一个试图颠覆传统实体店的产品——VR（虚拟现实）"Buy+"。在这个恰好赶在 VR 风口期的概念提出之后，有评论称，VR 购物将彻底淘汰实体店。然而没过多久，马云自己的"新零售"实际上就把自己的"Buy+"给颠覆了。因为"新零售"的核心显然不是网页展现形式的进化——不是从图文效果进化成 VR 眼镜中的 3D 体验，而是仓储和物流的线下核心竞争力，是线上线下一体化运营的能力。且不说 VR 设备的普及率不及 1%，整个围绕 VR 的一切衍生市场都还是一个伪风口和纯资本驱动模式，哪怕 VR 设备的普及率已经超过 30%，VR 本身依然没法解决电商无触觉、无嗅觉、无体感、无实测等问题。如图 2-2 所示，马云本身的身份变化，也再好不过地证明了"传统行业、线下、实业"和"互联网、线上、虚拟"，绝对不是一个落后、一个先进，一个过去、一个未来的关系；恰恰相反，马云的身份一开始是"阿里巴巴＋支付宝＋淘宝＋天猫"（电商），中途变成"UC＋高德＋微博＋优酷土豆＋滴滴＋新美大＋豌豆荚＋阿里影业……"（互联网矩阵），而最新的他则已然变成了"蚂蚁金服＋菜鸟物流＋苏宁＋王老吉＋恒大＋……"（新实业），金融、物流、房产、电器、零售等新实业，逐步变成了他的新的主战场。

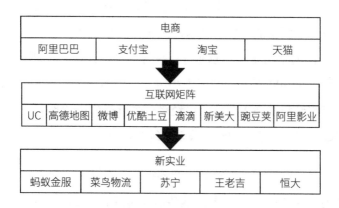

图 2-2　马云"身份"的演进

如果这样一个案例还不足以改变很多人长期以来被"互联网神话""洗脑"的观念的话，那么不妨看一组令人震撼的真实数据，来观察一下当下互联网产业的产值和估值。

首先来看一下，全互联网行业有多少收入。

全互联网行业全年收入，大约在 6000 亿元人民币。

互联网行业的收入，无外乎分为：广告、游戏、电商以及其他。前三种是互联网行业近 20 年来的主流收入模式，其他则包含了在线教育、旅游、团购、外卖、打车、社交、直播、电竞等未被包含的垂直细分项。

艾瑞和易观国际两家的报告，都将 2015 年的全行业广告收入定格为 2000 亿元人民币。而根据游戏工委的报告，整个游戏产业的全年收入，大约在 1400 亿元人民币，这里包含了端游、页游、手游、单机等各类游戏的全部收入。电商的计算方法稍微有一点绕：2015 年网上零售总额是 3.9 万亿元人民币，而阿里巴巴贡献了 3 万亿元人民币；同时，阿里巴巴整个公司在 2015 年的财务收入是 1000 亿元人民币；同比类推，全电商行业的年度收入在 1300 亿元人民币左右。至于其他，那些小行业的 GMV 大多在几十亿元到几百亿元不等，粗略算作 1000 亿元。最终求和，还不到 6000 亿元人民币，为方便记忆和比较，我们姑且算作 6000 亿元。

其实上述的计算中，显然是高估了全行业的实际产值。以阿里巴巴为例，它的 1000 亿元财报收入，是包含了电商、广告乃至阿里游戏在内的多种商业收入的总和，所以，用 1000 亿元作为基数来等比推算的全电商行业的总收入，会比真实数字要高。而在全互联网行业收入求和的时候，阿里巴巴的这一部分广告收入和游戏收入，又分别在广告和游戏项目中重复计算了一次。再拿游戏收入来说，圈内资深的人士都说，移动游戏行业有相当多的自消费或数据造假的成分，目的自然是为了冲榜、冲业绩、对赌套现、收购并购包装等，这还没有考虑不少收入被重复计算的问题。

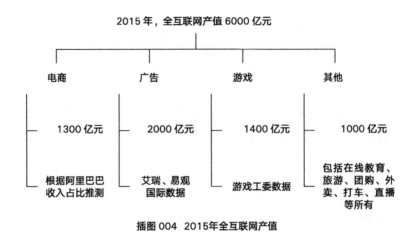

插图 004 2015年全互联网产值

6000 亿元一年，是一个什么概念呢？不妨对比一下传统行业。同样是 2015 年，北京市二手房交易的 GMV（成交总额）是 6400 亿元人民币，而 2016 年链家地产的二手房交易的流水也超过了 1 万亿元人民币。也就是说，一个城市的二手房交易流水，或者一个房地产经纪公司的二手房交易流水，就大于全互联网行业、包括神话中的 BAT 的收入总和。传统行业中，一个装修行业，仅家庭装修（不包括商业地产的工装），根据中国建筑装饰协会的报告，在 2015 年就达到了 4.27 万亿元的收入规模，相当于全互联网行业的 7 倍。我们意识中很不起眼的一个集中在三四线城市的教育行业的分支——职业培训，它一年的收入总额就超过 1 万亿元，远超全互联网行业的收入总和。这些真实的数据对比，是否才是彻头彻尾的"毁三观"？

互联网产业的估值

再来看一下互联网企业的产值与估值的对比。2016 年，IP"影漫游联动"、PGC 网络大电影、直播，是首推的几大热门垂直"风口"。

2016 年，整个影漫游联动在移动游戏市场的实际销售额是 89.2 亿元
人民币，由于这是所有有 IP 的手游的收入流水总和，我们姑且认为
其中的 30% 是 IP 影响力带来的，那也就是一个不到 30 亿元人民币
的产值规模，这里还完全没有考虑手游自消费的因素。网络大电影，
行业官方自己对外宣称也才是一个 10 亿元人民币的规模。而最热的
直播行业呢？真实有效的收入流水，全年也就在 100 多亿元人民币（除
去自消费和数据造假）。然而在企业估值方面，单一个斗鱼 TV，按
照最新一轮融资的估值计算，就已超过了 100 亿元。映客直播，按
照上一轮股权转让的估值计算，估值超过了 70 亿元。也就是说，随
便挑出一两个产品，其估值就超过了全行业的年产值总额。就市盈
率来看，这些企业都已经高到了一个令人匪夷所思的程度。比如映
客直播，从它在最近一轮股权转让的公示材料中看，2015 年它全年
的利润是 100 多万元人民币，而 2016 年暑期它按照 70 亿元人民币
的估值进行的公开市场的交易，这两个数字之间的溢价比例是千倍
以上。更不用说斗鱼等游戏直播企业，其百亿估值对应的是一年大
几亿的亏损——而事实上，一线游戏直播平台的标配是单季度亏损
过亿，二线游戏直播平台的标配是半年亏损过亿元，亏损额竟然成
为衡量企业价值高低的标志。

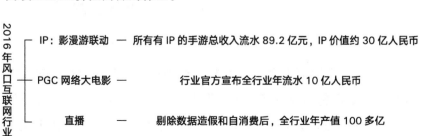

插图 005 2016年互联网风口行业的产值能力

传统企业，却是冰火两重天的另一极，如图 2-3 所示。以房产经纪为例，2015 年，全国二手房交易的流水是 4.3 万亿元，其中行业排名第一的链家，按照当时最新一轮的融资显示，估值在 300 亿元人民币左右，这个估值，已经绝对是传统行业中的翘楚。而链家的收入能力，一年收入 GMV 在 1 万亿元以上，财务收入在 300 亿元人民币左右。300 亿元的收入，300 亿元的估值，4.3 万亿元的行业总GMV，这是传统行业当下的现状。对比纯线上的互联网企业，后者的估值已经透支到了何种程度。然而由于暴利的诱惑，还是会有接盘侠冒险接盘。而传统行业，则被低估到了何等程度，但如果从理性的角度分析，其估值又恰恰是刚刚合理的。无论如何，今天的价值洼地，很可能就是明天的爆发点，这也是只有产业互联网才拥有的厚积薄发的机会。

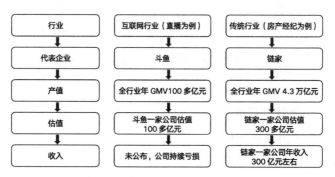

图 2-3　互联网与传统行业，产值、收入、估值的对比反差

最后，还不得不继续深入剖析一个数据——**互联网行业的人均GDP，来更深刻地反思互联**网行业的现状。2015 年，互联网行业从业人员大约在 500 万人，并且以每年 150 万人的速度增加。由于互联网全行业的年收入总额是 6000 亿元人民币，所以，**互联网行业人均**

GDP 大约是 12 万元，略高于上海的 10.3 万元和北京 10.6 万元。然而，这 6000 亿元收入中的 2700 亿元，是 BAT 三家公司的 8 万员工创造出来的，也就是说，**不到 3% 的互联网劳动力，创造了接近一半的 GDP。那么，非 BAT 剩下的 97% 的互联网从业人员，其人均 GDP 是多少呢？毫无疑问，远低于其所在城市的人均 GDP**，根本没有创造出大众印象中的"先进生产力"，插图 006 所示。

一线城市的人均 GDP ——— 北京 10.3 万元，上海 10.6 万元

互联网行业从业人员人均 GDP ——— 全行业人均 12 万元

但 BAT 三家不到 3% 的劳动力创造了接近 50% 的 GDP

剩余的 97% 的行业人员，人均 GDP 是多少？

插图 006　2015年互联网行业人均 GDP

或许，互联网人士和投资人唯一的解释就是，互联网的价值，是未来的价值；百倍的市场规模和盈利空间，是未来的预期；对于新兴事物，不能以当下的企业利润、人均 GDP 这些数字来苛求。然而，多久的成熟期可以算进入了"未来"呢？2016 年泡沫的一塌糊涂的直播、VR、网大等互联网"新兴事物"，哪一个不是已然存在了 10 年以上的老行业了呢？真的是由于消费者消费习惯和智能设备发生变化而老树发新枝了吗？还是概念拼装、资本和大玩家驱动进入的接力棒游戏？无论答案为何，在真实的数字面前，互联网神话的面纱已然脱落，真相，

终归会水落石出。

真相之一：红利的尾宴

互联网的浮华与泡沫之下，真相到底是什么呢？简单概括来说，当前绝大部分的互联网业务，都可以归入两大类模式。

第一类模式，我们称之为"红利的尾宴"。

这种模式的主角，是享有历史性红利的一批互联网巨头公司，比如以 BAT 为代表的依靠着早年的蓝海起步、人口红利释放而快速垄断市场的互联网平台型公司。而这些享有高额利润的大企业，又通过产业布局和投资并购，在多个领域加强了自己的产品矩阵，最终形成了今天的寡头格局。然而，随着人口红利的消失，以及可挖掘的纯线上业务模式的收窄，BAT 这一茬的"红利宴会"已经进入尾声，它们也面临寻找新的业务增长点、甚至进入全新行业掘金的难题与风险。在这里，BAT 只是一个代名词，这类享有历史性红利的公司，包括 BAT 类的主平台公司，包括垂直于单个行业服务的次平台公司，甚至包括早期起步、打造出爆款单品的应用类公司（如网络游戏公司等）。它们的共性就是，在今天的市场状况下，依然具备"躺着就能赚钱"的红利溢出效应，只不过其中很大一部分已经是赚一天少一天，其原因可能是创始团队的早早离开、职业经理人团队的私心杂念、业务模式的路径依赖、垂直行业环境的巨大变化等；而另一部分真正寡头级别的企业，则依靠垄断地位和资本力量继续高歌猛进。

在这类模式下，除了金字塔尖的这些主角玩家，更多的是大量配角玩家。这些配角玩家，本身是没有独立商业模式的，更多是依靠附着在"BAT 们"身上，形成一层套一层的复杂的生态链。

比如，大型的游戏厂商在新游戏内测、公测、上线、资料篇等关键投放节点上，需要制作视频的素材，于是就诞生了游戏视频栏目制作这样一个需求。围绕这个需求，从知名的游戏垂直媒体，到各类低价竞争的个人工作室，就开始了各种的精彩演绎：个人利益绑定，上推荐位"露脸"，上淘宝买"点击量"，找人刷评论、刷点赞、刷弹幕、刷聊天以及直播的自消费刷礼物等。从甲方到乙方再到丙方、丁方，各种数据夸张和利益输送，共同营造了动辄一个视频过千万乃至过亿的点击，一场直播弹幕漫天、礼物爆棚的效果。而在项目组内部，也有了引以为傲的向老板汇报的业绩。这种参与者皆大欢喜、花钱者也无感的场景，是否和当年各大移动增值业务服务商（SP）和运营商的关系相似呢？

"尾宴"的意思，既是指尾声，又是指长尾。因为，渠道套渠道，二手套二手，代理套代理，数不胜数的下游企业在游戏规则中，一层套一层地关联交易着。而这些的行为，又仅仅是当下大型互联网公司难以避免的、从上到下的冰山一角。从动辄上百亿元、几十亿元的投资并购，到每年几亿元甚至十几亿元的版权采购，再到市场、渠道、代理、内容推荐……大型互联网公司近年来频现上述各类漏洞中的反腐抓人，涉案者从高级副总裁到事业部总经理，再到频道主编，百度、腾讯、阿里、优酷等很多公司的高管纷纷落马，但这些可能连冰山一角都算不上。由于企业过于庞大之后的管理漏洞、创始团队的高高在上或者提前离场，一个收入百亿元的公司，假定 10% 的年收入从"指缝中"溜走了，一个公司就是几十亿元，全行业每年可能有上百亿元；

这足以养活一个又长又粗的"大尾巴"了。

更有甚者，这些本来纯外包代工价值的企业，在包装上了"互联网"的外衣之后，尤其是贴上了 BAT 们的合作伙伴的光环之后，又开始了"生意"变"事业"的自我包装。"生意"本来赚的是卖水的钱，不是要去取经。然而在概念包装盛行、互联网估值泡沫的当下，"生意"稍加包装就可以变成"事业"，进而在资本市场融资圈钱溢价，反过来进一步加剧了互联网泡沫的放大。今天大家耳熟能详的所谓苹果应用商店的 ASO（应用商店优化），绝大部分场景下就是刷量，只是包上一个"优化排名、核心算法"的概念；大部分的广告交易平台、网红粉丝经纪平台、手游发行公司，基本都是二手拼缝的倒买倒卖，只是包上了一个"DSP（数字信号处理）、DMP（数据管理平台）、SSP（供应商平台）精准用户匹配"的概念；而大部分的主播经纪公司、网红女子天团等，则只是烧钱的直播平台的底薪分成红利的享有者和瓜分者，亦或者是在平台规则允许的范围内"勾兑"如何利益倾斜的游戏——只不过早年大家玩的是搜索引擎的网盟分成规则和广告框架规则，而现在玩的是直播平台的主播分佣规则而已。

相对而言，传统行业的情况就要好得多。大多数传统企业无论怎样向产业互联网进化，仍然是创始团队掌舵、亲力亲为，甚至绝对控股。他们对"烧钱"和"泡沫"基本是免疫的。他们对自己所在行业的理想仍在，不忘初心。所以，在互联网下半场的竞争中，互联网公司面临产业互联网转型后的传统企业的挑战，其最大的"短板"就在于"企业家精神"的缺失。

真相之二：资本的接力棒

第二类模式，我们称之为"资本的接力棒"。

"资本的接力棒"，在外界理解起来，可能就是 B2VC（公司对风投），就是企业忽悠投资人的游戏，其实不然。如今的"资本接力棒"，不仅有 B2VC、VC2VC（风投对风投），甚至还有垂直行业内部，或是大型互联网公司之间的竞品跟随。不妨先通过几个例子，来感性地认识一下这种"接力棒"逻辑的微妙。

2015 年以来，几家主流的视频门户网站打出 PGC，也就是网络自制剧的战略，由此，网络大电影（以下按行业称谓简称"网大"）突然爆发。虽然过去 10 年来，网络电影、微电影、原创剧等网络原创影视早已有成型的业态，但一来完全依靠广告植入获得商业回报，绝大部分都入不敷出，二来从未规模化地引起过资本市场的关注，也从未和其他互联网风口发生过关联。网大的崛起，从商业模式的创新上看，主要来自"用户前向付费"，也就是视频网站从付费会员模式获取收入，进而通过视频网站制定的分佣政策，按规则给网大制片方或发行方分成。其基础的数据依据就是点击量，当然这个点击量是来自后台的统计，并不是用户在前台看到的影片播放量。

2016 年，网大的数量攀升到了惊人的 2000 多部。要知道，中国电影经过多年的发展，加上数字电影、电视电影等各种品类，一年也还没有超过 1000 部，何况激烈的档期竞争中，超过半数以上的电影拍完后连上院线排片的机会都没有就直接进入"库存"了。那么，这刚刚起步就年产值超过 2000 部的网大，到底意味着什么呢？

第一重解读，只有不到 5% 的网大能盈利，供给侧同质化竞争激烈。但这至多也只能说明，中国最经典的"皮鞋村"模式再现了，这在当年的网络视频、团购，在今天的直播、VR、共享单车等垂直市场屡见不鲜。甚至反过来，这正是很多企业对投资人讲故事的一个佐证：如果这不是一个大风口，一夜之间哪来的那么多玩家呢？

第二重解读，我们忽略那 95% 投资直接打水漂的网大，聚焦在这 5% 的网大上，它们是怎么盈利的？答案简单来说，是用户付费。但用户是怎么付费的？是因为要看网大而付费的吗？这就触及了网大究竟是一个真风口，还是一个伪风口的核心问题。用户付费看网大，这一句话其实要分为以下三个动作来看。

第一个动作，用户成为视频网站的付费会员。他成为付费会员的动机，第一是因为会员去付费，可以免去看电视剧之前长达一分半钟以上的贴片广告的干扰，第二是因为越来越多的最新大片和最新电视剧，都仅限付费会员才能观看。所以，付费会员数量的增长，是视频网站依靠"去广告"和"影视剧大片"，通过多年的用户习惯培育，逐渐形成的新的商业模式，见图 2-4。

图 2-4 视频网站付费会员，是为去广告和全片库而付费

第二个动作，付费用户看网大。由于网大和热门影视剧一样被设置成了付费才能观看全片的项目，所以，从概念上说，也是"付费用户看网大"，但说成"用户付费看网大"，某种程度其实是偷换概念。因为超过 95% 的付费用户，都是包月用户（见图 2-5），也就是说，用户包月之后，无论看热门影视剧，还是网大，都是一样的。但用户付费的动机，显然是第一个动作中的去广告加上热门影视剧。

图 2-5 视频网站的付费用户绝大部分是包月付费用户

第三个动作，网大制片方或发行方获得视频网站的分成。从表面上说，因为"用户付费"看了网大，所以按点击量分成貌似类似院线票房的商业模式。然而如上文所说，其实不是"用户付费"而是"付费用户"——这些用户并不是因为网大付费的。那么，拿去广告和影视剧版权换来的会员付费收入，来支付给网大，本质就是一种视频网站的"贴补"行为，是一种阶段性的政策，网大的商业模式不是来自用户付费，而是平台贴补。

接下来就到了第三重解读。爱奇艺等第一代的网大推手，究竟为什么要用去广告和影视剧版权换来的会员付费收入，来贴补网大这样的新兴事物呢？无论平台方，还是制片方或发行方，又为何主动愿意混淆"用户付费"和"付费用户"的逻辑，进而营造出一个类似院线票房线上化的全新 PGC（专业生产内容）领域呢？要知道，影视剧版权是一年 10 亿元级的现金投入，去广告也是一年直接损失几亿元的广告费，这两者相加换来的会员付费收入，拿出来贴补给网大，绝不是简单的内容建设这样简单，更何况会员付费的动机本来就不是来看网大的——这就好比一个观众买票进了电影院要看一部大片，顺带在等候的时候看了旁边电视屏幕上放映的一个视频，结果电影院把大多的收入拿来分给了这个视频的制片方，这不是太过于奇怪了吗？其实，从企业资本估值建设的角度，这并不奇怪。视频网站花大价钱购买影视剧版权，既不被资本市场看好，又不被企业投资人看好，一直是被质疑和诟病的痛点，并被认为是入不敷出、身处影视行业下游、商业模式不成立。所以，要让视频网站这个模式在资本市场不断提升估值，唯有打造出 PGC 这样的网络创新模式。于是，我们提炼一下上述的逻辑，如图 2-6 所示。

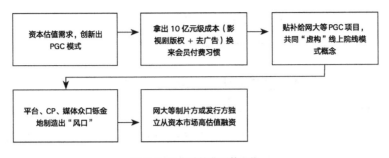

图 2-6　网大贴补背后的逻辑

接着到了第四重解读。上面的三重解读，只是说明了网大的收入，绝大部分并不是用户为网大而单片付费的，而是从视频网站整体的会员付费收入中拿出一大部分，用分成机制的方式贴补给网大制片方而产生的，但却并没有提及本节所要阐述的"资本的接力棒"。在网大市场上，资本的接力棒不仅仅发生在网大制片方或发行方依赖众口铄金出来的"风口"而向资本市场的融资，更发生在几大视频网站之间的竞品跟随。比如，爱奇艺在成为 PGC 的第一代推手之后，腾讯视频紧随其后，依靠腾讯系整体的流量优势和资金优势，展开了不亚于爱奇艺的"贴补"分成机制。之后，在 2016 年年底，搜狐视频也宣布加入跟随了。然而有趣的是，搜狐 2016 年的财报显示，搜狐从子公司搜狐畅游以借款的方式借出 10 亿元用于包括 PGC 在内的内容建设。

不难发现，上述两次提炼的逻辑，都可谓一个怪现状：一大批过去 10 年游走在无片可拍，或者只靠接一些零散广告维持的小制片公司、小导演，一夜之间突然成了风口人物；而这些网大公司赚到的钱，追溯到上游，实际上赚的是游戏玩家的充值，抑或是爱奇艺的付费用户为了看韩剧、美剧而付的费。这虽属各家平台的利益诉求、战略理解和愿景追求而无可厚非，然而，无论如何，不能混淆网大到底是"用户付费"还是"付费用户"在看，以及到底是真实存在一个类院线的线上商业模式，还是只是烧钱贴补的商业逻辑。

最后一重解读，如上文所说，不到 5% 的网大据说可以盈利，而其中 95% 的收入来自包月付费用户的点击而产生的平台贴补，那剩下的 5% 呢？也就是 5% 的 5%，是不是用户的单片付费点播呢？我们不妨来看一下，随着 2016 年年底冯小刚导演的热门电影《我不是潘金莲》的公映，一大批网大的"蹭热"高潮到达了什么程度。《潘金莲就是我》《我是潘金莲》《你是潘金莲》《谁是潘金莲》……这种"标题党""图片党"，外加蹭片名专业户，正是剩下这 5% 的 5% 的主力。依靠和热门大片的标题相似、混淆以及提前微妙的时间上线，外加上视频网站的位置推荐、排行榜排名，让一些用户误以为这就是耳熟能详的那部大片，进而单片付费观看。前两年一个常被提起的话题就是，当陈凯歌的《道士下山》还没有上映的时候，视频网站上一部叫《道士出山》的网大评论，就有无数网友的痛斥，说陈凯歌怎么拍出了这么垃圾的片子，殊不知这只是一部普通网大的蹭热行为而已。然而，这个作品的"成功"，竟然被归纳为一种商业模式——一部网大的成功，主要来源三个要点：片名（蹭热点）、封面（诱惑）、前 6 分钟试看（擦边球）。而对于投资圈来说，何尝不知道这个风口是真是伪呢？只不过，一旦热衷于炒短线，无论风口真伪，只要能快速有接盘侠接手，一级市场就二级化了。

第一重：只有不到5%的网大能盈利

供给侧同质化严重：2000多部/年	真风口还是伪风口？

第二重：这5%的网大是怎么赢利的？

用户付费？类似院线的线上PGC模式	付费用户？用户为去广告和热剧而付费	包月的付费用户的贡献，通过平台贴补，给到网络大电影

第三重：爱奇艺等第一代推手为何要"贴补"？

95%的网大点击来自包月，分成等于贴补	买版权模式商业闭环不成立，不被资本看好

第四重：竞品跟随，腾讯视频、搜狐视频等再入战场

网大麻雀变凤凰的背后，"烧"的是哪里的钱？	不应混淆"付费用户"还是"用户付费"

第五重：5%的5%的点播付费的真相？

网大三要素：标题、图片、前6分钟	蹭热点的潘金莲系列网络大电影

插图 007　网络大电影的五重解读

　　这已经不仅是网大这样一个小市场的"潜规则"了。投资界、行业、媒体共造"风口"和舆论导向，快速吸引下一轮资金接盘，而企业则"顺势"制造、包装数据。众人皆醉从而在表象上快速营造出一个巨大泡沫的新兴市场和风口市场，而行业入场者的前提，就是遵循这个虚构规则和虚假数据逻辑。如果说，5%的金字塔尖的企业竞争，在一个阶段内不得不以烧钱为代价获得市场份额，那么，剩下95%的塔尖之外的部分，则是典型的一级市场二级化，也就是目标非常明确的炒短线。这也是为何频频出现一个垂直细分的互联网分支领域，往往生命周期不到5年就瞬间枯萎了：2年入场（上市或资产重组、并购）、3年解锁或对赌完成。上市或收购前已经严重透支，锁定或对赌期完成业绩

大多靠自消费或过桥垫资冲业绩。到期撤退后，往往直接带来公司乃至行业的断崖式下跌，成为典型的"万人坑"。现在，越来越多的"庄家"正在有技巧地撤退，但和以往的互联网泡沫破灭不同，当下的这次破灭，将在表象上呈现为更加繁荣和兴旺，因为 2 NEXT VC 成为所有局中人解套的唯一方法。而这个局面最大可能的终结者，恰恰来自垄断性大互联网企业的入局（收购接盘或是自营同类业务进而拉动更大量级的资本参与）。入局者既是风口的制造者，又被动地被"伪风口"推得不可回头、也不能回头，进而只能继续把泡沫放大，寻求妥贴的退出机会，或整合收场的机会。整个过程再加上无所不能的刷数据包装，最终营造出可能已经膨胀千倍的"超大型互联网泡沫"！

那么，在互联网上半场的末期，层出不穷的 PGC、VR、AR（增强现实）、直播等各种风口，究竟是不是创新机遇呢？事实上，几乎所有的这些创新，本质上都是在做"拼装"甚至"误导"，目的直奔"资本接力棒"。比如粉丝经济、网红、口碑、自媒体、事件营销、免费、后市场等，都不是什么新商业模式或新玩法，在商业史上早有企业提出并实践。当下，各种"伪风口"下的业务依靠拼装和改头换面来 2VC，误导性远大于启发性。

以直播为例，如果说 10 多年前起步的 PC 端秀场直播更类似游戏市场上的客户端游戏，依靠对细分人群中热衷于"暧昧经济"玩法的用户的转化而创造了成功的商业模式的话，那么新的移动直播，则更类似手机游戏——从一开始就陷入了红海同质化竞争、原有商业模式无法闭环、资本驱动下概念大于本质的恶性循环。直播的原本商业模式，是虚拟道具付费，很类似网络游戏。虚拟道具付费模式的前提，首先是用户的拉新（引流）、留存（注册）和转化（付费）。直播 APP，在 2016 年一年，就新出现了几百个几乎一模一样的产品，甚至在高峰时期，有媒体统计平均每 3 分钟就上线一款新的直播 APP，如图 2-7 所示。而且在各家的高分成、烧钱模式的诱惑下，主播流动性极高，这些都决定了靠自然流量、主动访客来撑起平台几乎是一种奢望，甚至靠母公司的流量"输血"，也仅仅够初创期的基本成长，而形成商业闭环唯一的方法就是付费推广或联合运营，这和手机游戏的市场规律完全一致。虽然 APP 获取一个用户的成本平均价格在 3~10 元不等，但绝大部分 APP 的月对月老用户留存都在 40%~50% 区间，而次日留存和七日留存则大多在 20% 和 5%。按这样的衰减比例测算，年度留存用户的成本则往往会超过 1000 元，也就是说，付费推广模式下，真正属于你的用户，一个年度的留存成本就超过 1000 元。更致命的是，泛娱乐类应用，由于不是直接对用户提供商品或服务的售卖，而是免费让用户全都能体验（阅读、看直播、看视频、看漫画等），这里还有一重从注册用户到付费用户的转化。假定有 10% 的用户能转化为付费用户，也就意味着，最终一个付费用户的成本将是 1000×10，也就是 1 万元！依靠付费推广，不考虑任何资金进入平台之后的高比例分佣和其他成本项，仅就市场预算本身的打平，就需要一个付费用户后期总共付费 1 万元以上才可以形成正向循环。这显然是一个不可完成的任务。

图 2-7　直播 APP 在 2016 年同质化严重

我们暂时忽略上述付费推广的悖谬难题，而聚焦在钱收进平台之后的商业分割。在烧钱大战、资本驱动的模式下，如今的直播平台，早已经不是 9158 时期的三七开，而成为了常见的"倒三七开"，也就是主播拿走 70% 分成。超过一半，甚至百分之七八十的流水，都分成给了主播、代理、经纪人等角色，还有渠道联运分成，或者流水的 20%~30% 用于流量采量，加上动辄百万元的主播底薪和挖掘成本，这种超低毛利的业务模式，除非做到房产经纪的万亿元流水级别的 GMV，否则商业潜力何在？而目前全直播行业的年收入也只有 100 多亿元人民币，绝大部分单个平台的收入流水才几千万到几亿元。对此，行内人士唯有拿出 YY 和陌陌两大王牌——一个公司一年几十亿元的收入规模，来佐证直播模式的现金流和广阔机会。殊不知，YY 和陌陌的直播收入，是直播收入但更多是其 APP 几千万 MAU（月活跃用户数）能力的流量变现收入。换言之，他们这个量级的用户规模和用户质量，全力推任何商业模式，本应该就有目前的收入量级，只不过借助直播变现，更有助于其利用资本风口提升上市主体的企业估值。流量能力略强于 YY 和陌陌的今日头条，其流量变现主要靠 DSP 广告，其广告收入规模超过了 YY 和陌陌的直播收入。反过来，如果 YY 和陌陌的全部流量拿来做 DSP 广告变现，其体量也未必输于当下的直播收入。

于是，既然纯靠用户付费的模式已然在数字上讲不通了，而直播的风口又需要百倍，乃至千倍的想象空间和溢价能力，概念拼贴和误导就出现了。首先是"个人付费＋广告"，之后是"＋联运""＋电商卖货""＋自媒体""＋社交"＋新闻属性""＋明星经济""＋网红经济""＋广告模式"……到头来，还能继续加什么吗？况且，把直播内容做成 PGC 的网综、新闻节目、脱口秀，让明星名人频频来串场、开发布会、访谈，或者在直播的贴片广告、内容植入广告、栏目冠名广告上做文章，这些点播年代已经做得无比通透，却依然无法让点播盈利的模式，又如何能在带宽成本 10 倍于点播、CPM（关键路径法）量 1/10 于点播的直播模式中自圆其说呢？至于直播＋电商，我们不妨来简单算一笔账。1000 个游客，200 个注册用户，20 个成为粉丝，50% 的粉丝都买商品，也就 10 个买家。如果直接向 1000 个游客展现广告，是否会大于 10 个买家？——主播可以卖货，但主播不是流量获取的来源，而是流量消耗的节点。主播不去平台"吸粉"，哪来的自带粉丝？平台不付费推广，又哪来的基础用户让主播去吸引？平台烧着钱去引流到直播间，进而通过上述流量衰减的原则让主播去卖货，卖货的收入一大部分还要分给主播，那平台为什么不直接把这些花钱引回来的流量转化到电商销售中去？一系列难以自圆其说的商业悖论，却被各种的概念拼贴和包装隐藏起来。一份《2016 年中国网红商业价值排行榜》显示，前 15 名的"网红"中，既包含 papi 酱，又包含王思聪，还有高晓松、薛之谦、罗永浩、南派三叔甚至贾跃亭、周鸿祎等。网红经济，到底横跨了多少个类别和行业？直播原本很简单，就是暧昧经济下的虚拟道具付费。由于资本进入、"烧钱"拼杀，原来的商业模式不成立了，于是加上社交、加上明星、加上网红经济，一下子跨到了娱乐、IT、文学、商界等几乎所有领域，涵盖了各种商业模式，如图 2-8 所示。我们不禁要问，网红经济的收入到底是怎么计算出来的？它都包含了哪些收入类型？

然而，资本接力棒的疯狂，早已让人没有心思去纠结这些商业本质的问题，而是沉浸在百倍乃至千倍的短期溢价的泡沫之上。单个直播平台单轮融资或股权出售，就在 8 亿至 15 亿元区间，估值在大几十亿到百亿元区间。而在 2016 年，几个月之内就冒出数以百计的几乎一模一样的公司和产品。利益诱惑之下，一个运营团队恨不得一分十地各立山头，一拨主播被翻过来调过去地翻几倍的价格挖来挖去，各大互联网公司的流量输血也拼得刺刀见红。要知道，当年似曾相识的团购大战，战的是一个万亿元市场的机会，而今天的直播大战，拼的是一个百亿元市场。如何让投资界认为这样的行为合理呢？唯有数据包装和造假。所以，这一轮直播行业的数据造假和自消费，甚至比在手游行业来得更凶猛。动辄单月过 1000 万元收入的主播数不胜数，单日消费过 20 万元的金主数不胜数。其实，早在 2015 年就有媒体报道过，呈现在页面前台播放量上的游戏直播平台的并发用户总数，就超过了地球人数的总和，各家在 PR 和包装数据的时候，已经突破了常识的底线。直播行业号称直播 APP 的基本门槛是 500 万 DAU（日活跃用户数）。然而事实上，中国移动公布的 4G 流量 TOP 50 榜单（也只有中国移动这个数据具备一定的可信度和参考性）里（见图 2-9），只

排名	网名	类别	传播力	产品化	产品信息曝光率	综合指数
	标准排名·2016 中国网红商业价值榜					
1	高晓松	脱口秀主持人	50	3	0.65	53.65
2	贾跃亭	乐视控股 CEO	1909	30	1.9	50.99
3	王思聪	万达董事	2696	3	20	49.96
4	小 P 老师	造型师、自媒体	46.1	3	0.56	49.66
5	回忆专用小马甲	人气博主	35.32	3	7.56	45.88
6	南派三叔	网络作家	14.96	9	19.01	42.97
7	papi 酱	自媒体	25.56	6	10.28	41.84
8	陆琪	作家、自媒体	33.96	6	0.36	40.32
9	张嘉佳	作家	13.92	15	10.98	39.9
10	薛之谦	歌手	32.7	3	3.89	39.59
11	雷军	小米董事长	17.75	18	0.53	36.28
12	罗永浩	锤子科技 CEO	17.59	15	0.54	33.13
13	gogoboi	时尚达人、自媒体	8.82	3	17.4	29.22
14	八卦_我实在太 CJ 了	自媒体	12.25	9	0.64	21.89
15	周鸿祎	奇虎 360 董事长	14.99	6	0.04	21.03

图 2-8　网红的概念拼贴严重、包罗万象

有斗鱼 TV 一个直播 APP 入围且排名第 49 位，而排名在 20 至 25 名
的 APP 的真实 DAU 也只有 300 万至 400 万。连斗鱼这种单个季度亏
损过亿、单个季度带宽成本过亿的"大玩家"的 DAU 都只排在 49 名，
那么 500 万 DAU 的直播门槛，有几成真实、几成水分？

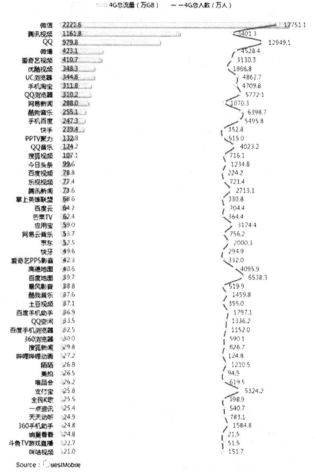

图 2-9　直播平台只有斗鱼 TV 上榜、排名第 49 位

　　如果说上述数据更像是没有精准依据的理论推测，那么不妨拿映客直播按 70 亿元人民币估值融资时披露的数据来深度观察一下，如图 2-10 所示。

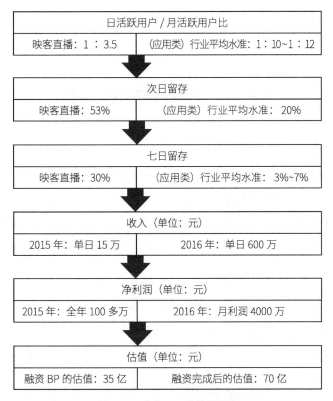

图 2-10 映客 APP 的数据观察

不难看出，映客直播对资本市场报出的各类用户类数据，高于应用类 APP 的行业平均水准 3 倍至 6 倍之多；而自身收入和利润的增长，同比增长分别超过了 40 倍和 400 倍；至于企业估值，更是在融资完成时比融资计划时多出了近一倍。用户和收入类数据，我们无从考证，只能说数据好得有些惊人，收入利润成长得有些夸张。但仅估值一项，就足以让更多的从业者、资本接盘侠们疯狂了。然而，当很多垂直行业的企业无需也无心赚钱，这种资本驱动下的浮躁和疯狂，已经因扭曲了大量互联网人的"初心"而伤害到了互联网精神的本体。这种现状，也是真相，难道还不应该引起全行业的反思吗？

2 从消费互联网到产业互联网

互联网的上半场与下半场

互联网的上、下半场的概念，最早是美团网 CEO 王兴在其公司内部提出的，核心意思是说，就像中国经济用三十多年的时间，吃光了人口红利，于是"新常态"就成为中国经济的下半场；互联网的人口红利吃了二十几年，也吃光了，互联网公司的发展不得不从追求速度和规模，转向追求纵深和创新，这就是互联网的下半场。后来在乌镇的互联网大会上，王兴再次公开阐述了互联网下半场的概念，这一次不但得到各家互联网大佬的响应，还被正式纳入新华社的官方话语。于是，互联网的上半场与下半场的概念，不胫而走，广为流传。

准确地说，**互联网的上半场，是"消费互联网"的上半场，玩的是流量和入口之争，它的现阶段，已经严重地透支化和泡沫化**。流量玩法因为入口已被垄断以及人口红利的结束，已然终结。**而互联网的下半场，是"产业互联网"的下半场，玩的是各个行业从上游到下游的产业互联网化——提升体验、提高效率、降低成本**。这种新产业结构，决定了新的分工与协作逻辑，甚至一种生态思维。那么，如何从原来的线性产业价值链逐渐演化成网状产业生态圈？如何进化为一个以用户为中心的、实时高效协同的产业生态网络？在通过理论分析与实战案例回答这些问题之前，不妨先就互联网的上半场，也就是消费互联网的前世今生，做一个简单回顾，因为它既是产业互联网的前史，更是将长期陪伴产业互联网并行的伙伴。不了解消费互联网，产业互联网就变成了空谈；不接驳消费互联网，产业互利网也将难以完成商业闭环，如插图 008 所示。

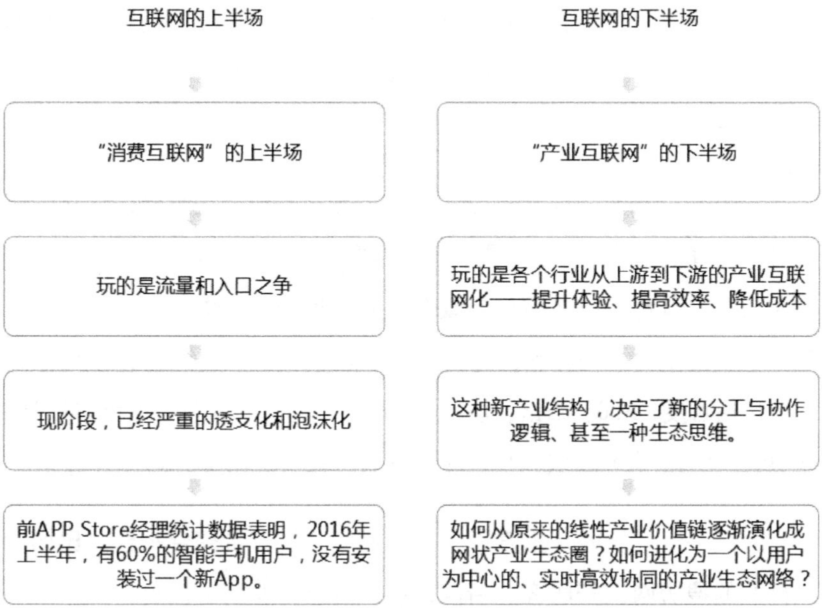

互联网的上半场

"消费互联网"的上半场

玩的是流量和入口之争

现阶段，已经严重的透支化和泡沫化

前APP Store经理统计数据表明，2016年上半年，有60%的智能手机用户，没有安装过一个新App。

互联网的下半场

"产业互联网"的下半场

玩的是各个行业从上游到下游的产业互联网化——提升体验、提高效率、降低成本

这种新产业结构，决定了新的分工与协作逻辑、甚至一种生态思维。

如何从原来的线性产业价值链逐渐演化成网状产业生态圈？如何进化为一个以用户为中心的、实时高效协同的产业生态网络？

插图 008 互联网上、下半场对比

消费互联网的前世今生

要了解消费互联网，我们就必须搞清楚几个关键概念——主平台、次平台、应用。

平台的本质，是流量的生意。在平台原本的定义中，平台自身是不提供具体应用层服务的，而只负责流量的聚合与分发。所以，消费

互联网时代的平台，更多是通过早期蓝海市场时期切入用户的底层刚需，进而吸附海量的用户。在此基础上，制定流量分发的规则，将用户分发到具体提供服务的应用当中去，并通过流量分发获取商业收入。当这个应用是第三方应用的时候，平台收取的是广告费；当这个应用是游戏的时候，平台收取的是游戏玩家的充值；当这个应用是电商的时候，平台收取的是销售商品的收入。这就是早期消费互联网的三大收入来源。

如图 2-11 所示，平台又分为主平台和次平台。主平台，切入的都是用户的普遍刚需、底层刚需，比如搜索、杀毒、安全、聊天、下载、输入法等，聚合用户之后也是做全行业流量分发，也就是并不局限于某一个或几个行业内的精准用户聚合，而是泛用户。这里比较典型的代表包括百度、360、腾讯、搜狗等，还包括各大浏览器、网址导航站、分类信息网站（58 同城等）、应用商店（91、应用宝等），等等。

而次平台，指的是垂直于各个产业的分类流量聚合平台。比如房产行业的搜房网、安居客、新浪乐居，装修行业的土巴兔、齐家网，汽车行业的易车网、汽车之家，旅游行业的携程网、去哪儿网、途牛网，等等，如图 2-11 所示。在消费互联网的发展过程中，大的平台借力资本及流量分发优势，会进驻垂直行业领域，以控股、参股或直营的方式进入应用层，比如百度在房产领域曾经投资安居客，现在仍参股链家，在装修领域投资了齐家网，在旅游领域投资了携程网、去哪儿网等，但这些仍然只是生态布局，并不是平台本体。这种平台的外延扩张，我们称之为"平台应用化"。

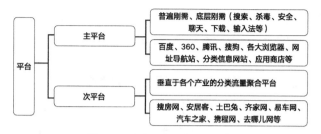

图 2-11 平台、主平台、次平台

而应用才是为用户提供服务的主体。应用可以粗略地分为泛娱乐类应用以及行业应用。而行业应用又可以分为纯线上行业应用，以及O2O 类行业应用，如图 2-12 所示。泛娱乐类应用，比如视频领域的优酷土豆、爱奇艺、乐视等，游戏领域的腾讯游戏、网易游戏、搜狐畅游、盛大游戏等，直播领域的 YY、映客、花椒、9158 等。纯线上行业应用，比如房产经纪领域的房多多、爱屋及乌等，二手车领域的瓜子二手车、优信二手车等。O2O 类行业应用，比如房产经纪领域的链家、21 世纪不动产，装修家居领域的东易日盛、尚品宅配，交通出行领域的滴滴出行、易到用车、神州专车，等等，如图 2-12 所示。**而当一个单体应用的体量大到可以匹敌次平台的时候，它在这个垂直领域就已经平台化，乃至生态化，这就是独角兽。对于独角兽，我们称之为"应用平台化"。**

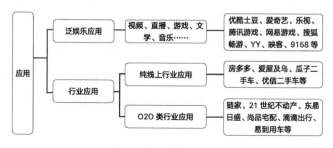

图 2-12 泛娱乐应用与行业应用

在解释清楚主平台、次平台和应用的概念之后，就需要了解，消费互联网走到今天，新的平台，究竟还有多大的机会再次出现。

平台不是"人文景观"，更多只是"自然景观"。所谓自然景观，指的是平台的诞生，是在特定时期，由于一定的偶发性，在人口红利、蓝海环境等多重因素下而自然形成的。这里的历史时期是不可复现的因素。无论百度搜索、QQ聊天还是搜狗拼音输入法，都是某个绝对刚需在市场基本一片空白时起步而形成垄断的。而自然景观的人造，也就是没有历史时期的红利，只有一个趋势和一个产品理念，要做到平台的规模，则至少要几十亿到百亿元级别的烧钱亏损打底。所以，至今为止，新兴的主平台，在国内未曾出现过。在海外市场，猎豹等通过在落后地区和国家复制国内的成功经验，有过阶段性的成功，获得了相当多的用户，但商业变现困难，也导致其被动地多次转型、股价大跌等不利结果。至于次平台，它的诞生如果不是在蓝海中快速垄断出现，则需要主平台一段时间无偿输血，比如百度之于安居客，百度之于去哪儿网，新浪之于乐居，等等。在当下的市场上，新兴的次平台，也未见成功者。

究其原因，主要有两点。首先，流量买入和卖出几乎无法形成差价，信息不对称的市场机会和红利已经不复存在；而绝对刚需基本是伪命题，只有相对刚需可能还存在，但相对刚需的留存能力不足，或用户覆盖面不足，导致留存远达不到正循环条件，故而难以形成商业模型。其次，常见的补贴模式是通过烧钱获取C端用户，但由于C端用户的无忠诚性及利益驱动性，几乎没有沉淀价值，而2B端的烧钱，在绝大部分行业不奏效，或根本没有达到条件的B端的存在。综上所述，无论是主平台还是次平台，新建构平台不能说绝对没有可能，但也是难比登天。这也是为什么市面上所见的绝大部分的"创新""创业"都无法形成商业闭环，因为它们都不是亲自做应用服务层的，无论是共享经济还是众创众包，本质上都是"次平台"。

消费互联网时代，玩的是"平台＋泛娱乐应用"。既然新建平台难上加难，那么，泛娱乐应用层又如何呢？我们知道，在早期的泛娱乐应用市场上，流行的是"取代逻辑"，也就是"取而代之"。今天，唱片、平面媒体甚至纸质图书，都已经萎缩到了一个极窄的小众范畴内，取而代之的是数字音乐、网络媒体、自媒体和电子图书等。然而，时间跨越到最近 10 年，取而代之的"取代逻辑"失效了，"并行逻辑"出现了。PC 和手机、平板和手机、电视和网络视频、综艺与网综、电影与网大、电视剧与网剧、端游与手游与页游、直播与视频点播……不断有新生事物出现，但与之对应的老牌事物仍然并行存在，那么，问题出现了。娱乐消费需求总量受到经济新常态的长期影响，远远跟不上供给侧并行逻辑下的供过于求的红海增长。可以想象，在严重供过于求的环境中，以"消耗时间"为必要条件的泛娱乐消费选择，势必造成每个娱乐服务能分到的需求量更少。而目前的泛娱乐消费的总体上行，甚至飞速增长中，隐藏着大量刷票房、游戏自消费、刷榜、虚报数据、走流水冲收入、一笔充值重复多次计算等隐性因素，而实际的消费需求远远没有看到的高。"大文娱、大体育"的市场机遇之外，取代逻辑失效、同质化"烧钱"，数据造假，商业模式不确定，都让泛娱乐应用遭遇了前所未有的商业危机与信任危机。

经济新常态下的传统行业现状

既然消费互联网遭遇到了泡沫与天花板，那么产业互联网的崛起，就成为了一种必然。按照本书第 1 章中的定义，产业互联网就是"产业＋互联网"，其本体是产业本身，也就是各种的传统行业。那么，在经济新常态下，传统行业的现状又是如何呢？一句话概括：**它们正遭遇着系统性、生态性的危机。**

传统行业所面临的市场环境、营销环境、消费者结构、传播形态等，全部发生了变化。海尔的张瑞敏先生说过一句很经典的话，叫"自杀重生、他杀淘汰"。在他的海尔集团，曾经有引以为傲的两大"杀器"——8.2 万名工人以及超过 1 万家的直营店。然而如今，利润、人员、生产线、研发、物流、品牌、管理全部产生危机，这两大"杀器"也变成了两大包袱。于是，海尔被动解构，打散变成了 N 多家的小微企业。过去的一个冰箱是家用电器，未来的冰箱变成了家庭膳食的管理工具——通过传感器和物联网，它可以知道你的每一件食品是否过期，提醒你是否需要补充，以及根据存储的菜品推送对应菜单做法——整个商业模式都发生变化了。

无论是生产制造业还是服务业，近年来主动或被动做互联网转型的比比皆是，然而成功者寥寥无几。一部分企业试图构建行业级的 B2C 模式的应用，企业级服务升级到行业级服务，结果自然是惨败收场；另一部分企业以商业模式自我颠覆的方式进行重构，按照一些理论去生搬硬套，现在看来可以总结为此路不通。当然，"自我颠覆"也要看是真颠覆，还是概念上颠覆。比如 e 袋洗提出它的目标就是消灭所有的荣昌线下门店，而 e 袋洗本身就是荣昌投资做的一个 O2O 企业，荣昌则是线下经营洗衣业务的连锁门店企业。这里的"消灭"是带有很大的误导性的。如果真有"消灭",至多是用物流快递取代了收纳和取衣服的门店,甚至这两项的成本不会有太大差别。而 e 袋洗通过集中收纳、集中洗涤、集中派送,实则以城市为单位,大大强化了线下的中心职能,以产业互联网的智能制造的理念和方法,更高效率和高标准化地解决了衣服的分类和洗涤问题。这里,只是对"用户就近自己送衣服上门"还是"用户使用 APP 让快递人员上门取衣服"的需求发起模式进行了在消费体验端的迭代升级,并不是用线上取代了线下。然而,无论大如阿里巴巴还是小如 e 袋洗,这些线上电商、线上 O2O 的"理念"都影响了一大批企业,但它们效仿了表皮而无法学到精髓,导致转型的惨败,更带来了传统企业对互联网的不理解和恐惧。

还有一部分上市的传统企业,采用了"双主营"的模式,在保留原有业务的同时,全新开创另一条业务线,用收购并购的方式,从互联网行业选择合适的标的物进行收购,从而开创了"传统 + 互联网"或"传统 + 文创"的双主营业务的格局。典型的案例有金利科技收购第七大道,顺荣股份收购 37 游戏,爱使股份收购游久游戏,开元仪器收购恒企教育,中南重工收购大唐辉煌,等等。这些原本做塑料制品、汽车油箱、煤炭仪器、重工设备的传统企业,通过资本手段,跨界进入了游戏、影视、教育等其他行业,从而实现了转型。然而这毕竟只是针对少部分上市公司才有的机会,而且这种转型并不是针对本体业务的转型。所以,对于 95% 以上的传统企业,如何正确认识互联网,准确来说是产业互联网,如何用好产业互联网的方法,来成功实现转型升级的进化,就成为了当下一个最重要的课题。

产业互联网：传统行业进化的方法论

上文对传统行业和互联网行业的现状，都进行了比较系统的分析。对传统行业来说，不转型——等死；盲目转型——找死；转行——必死。而对互联网行业来说，泡沫化的消费互联网后期，正应和了国家提倡的供给侧改革的几条定律——去库存、去产能、去杠杠。于是，传统产业＋互联网，传统实业进化成新实业，消费互联网针对新实业释放资源和人才，这是必然趋势，也是唯一的钥匙。这把钥匙，就叫做"产业互联网"，如插图 009 所示。

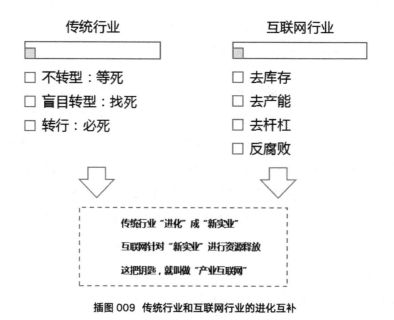

插图 009　传统行业和互联网行业的进化互补

产业互联网化下的新一代的传统产业，或者叫新实业，不靠资本驱动过活，更关注内生增长的造血功能、自由现金流和利润。它的核心特征是 O2O，也就是线上线下一体化运营。"新实业"是中国经济

增长的新动力。所谓"新",并不是指诸如人工智能这样的全新领域,而恰恰说的是,这些"实业"都是过去 30 年已经存在的,必须经过再次进化,才能完成转型升级,成为"新实业"。而产业互联网,就是进化升级的方法论。这个方法论,可以从"频次""顺序""产品""特征""体量"五个维度来解读,如图 2-13 所示。

图 2-13 产业互联网的五个维度

产业互联网之"频次"

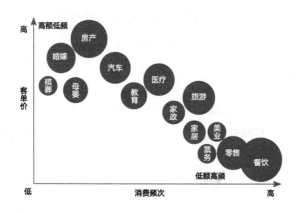

图 2-14 服务业中的代表性行业的消费频次与客单价对比

第一个维度,叫"频次"。

任何一个传统行业,要想指上互联网的翅膀,首先要审视自己这个行业,是"低频消费"还是"高频消费",因为不同频次决定了完全不同的产业互联网化的方向和策略。如图 2-14 所示，放了若干比较典型的服务业和零售业进去，横轴代表消费频次的高低，纵轴代表消费客单价的高低。最左侧是殡葬业，这是一生一次的业务，是最低频的，但客单价居中；随后的，是婚嫁和母婴行业，这已经是可以多频但仍然低频的行业；再往其后，消费频次逐步增加，从房产、汽车、教育、医疗、家政、旅游、家居、美业，一直到最高频的零售业和餐饮业。从图 2-14 中可以看到，低频和中频的业务，往往客单价都比较高，而高频的业务则客单价比较低。

对于"频次"这个维度，我们总结一下产业互联网的方法论，就是**"高频业务做留存，中低频业务做转化增强"**，如图 2-15 所示。高频业务，比如餐饮、外卖、零售、城市出行、家政、金融等，做留存就是用互联网平台或工具把用户锁定在自己的客户端上，促进高频次的使用进而获取商业价值。这个是很容易理解的，比如大家熟悉的滴滴出行、饿了么、58 到家、陆金所等。

而中低频业务，比如房产、汽车、婚嫁、母婴、装修、家居、教育、医疗、旅游等，互联网首先要做的，就是"转化增强"。传统行业获客，线上引流是最重要的渠道之一。而精细化运营和数据漏斗管理，则是转化增强的第一步，也就是从展现率、点击率、网电转化率、邀约率、到访率、成交率六大关键用户漏斗节点，进行精细化运营。这基本属于消费互联网的范畴。其次，转化增强还包括提供互联网工具，辅助关键角色进行"人肉干预"，从而增强商机分配的合理性和效率优先，进而增强商业转化率，这已经属于产业互联网的范畴。

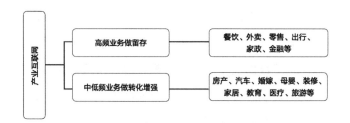

图 2-15 高频业务做留存，中低频业务做转化增强

比如，房产经纪公司的客服，可以有一套用户画像的 CRM（客户关系管理）系统，以及一套用于记录房产经纪人综合能力的经纪人评价体系系统，再辅以一套商机分配规则，这种场景下，同样和一个买房的客户电话沟通，客服人员在接听过程中完成了用户画像的勾选，比如意向区域、资金预算、户型要求等。对这些关键数据标准化，客服人员在 CRM 系统里确认之后，系统会根据商机分配规则，从经纪人评价体系系统当中选择出最适合服务这个需求的经纪人，并将这个商机推送到该经纪人的手机 APP 上。这个过程，在传统模式下，往往是客服把商机通过电话直接给到一个门店的店长，由他再往下分派。

不妨对比一下这两者的转化能力有何不同。首先，客服将商机给一个店长，店长再给一个经纪人，这其中增加一个环节，很容易造成延误。其次，店长分派给谁，更多靠感觉，但人的感觉和偏好是无法和系统比拟的——大数据的核心算法之下，哪个经纪人更适合服务这个需求，很可能和店长的个人直觉选择是不同的结果。再次，一个买房客户的购买需求，往往是多元的，比如他既可以买东城的二手房，也可以买西城的二手房，都不排斥。这个时候，客服分发的是一个需求，而不是一个客户，其完全可以一对多地分发这个商机。最后，这个客服，还会持续跟进这个需求的服务质量，一旦发现跟进不到位，就有权随时派发给另一个经纪人来提供服务。同样的一个客户商机，由于提供了基于互联网数据的系统化的分配、选择、跟进机制，就可能带来不一样的成交效率。甚至，一套基于400电话的后台系统，可以省略掉客服的岗位，而依然保留上述系统级分配客源的规则，并根据业务战略的变化，灵活调配这个派客规则。比如，同样是经纪人评价体系，到底派给开盘人，还是意向小区的金牌经纪人，还是最后一次完成带看的经纪人，规则的不同，既会带来不同的成交效率，也会匹配阶段性公司的战略实施。而这，就是一个低频业务典型的"转化增强"的案例，如插图010所示。

插图010 普通转化与转化增强

互联网行业的传统认知当中，好像做不到用户留存的，就不是互联网业务。大家都爱谈一生一世的服务模式，以及留存在自己平台上高频使用的服务场景。不少传统企业在转型产业互联网化的过程中，也在概念上模仿互联网的这一套理论。比如有一些新兴的房产经纪APP，在它的用户生命周期描述中，就是"住房的入口"—— 一个大学毕业生走出校门要租房，用它的APP找房子；积累了几年的积蓄，结婚买房，用它的APP买房；再过了一些年，改善居住环境，换二手房，还是用它的APP。一个APP，在概念上要锁定一个用户一生一世围绕"住房"的需求，这很可能是一个伪命题。因为从租房、到买房，从第一次买房到换更大的房子，每一次交易的间隔，很可能超过5年甚至10年。房产是一个典型的低频业务，所以其 APP 的价值，无须去比拟那些高频的纯互联网应用。低频业务的互联网职能，就在于转化增强，也就是在用户想买房的周期内，通过 APP 更方便地找房、联系经纪人、获取信息直至成交。完成这个交易之后，绝大部分用户会流失，无论是因为手机刷机、手机更换还是因为清理内存、卸载应用等。然而，这并不影响5年或10年之后，当他再次有需求的时候，再次安装。所以，低频业务如果非要长期留存用户，去做所谓的"后市场高频应用"——比如在房地产 APP 上加一帧"保洁"的入口，试图用保洁这种高频业务来长期留存用户——这显然是舍本逐末的，因为用户也不会在房产属性的 APP 上长期找保洁阿姨。无论高频还是低频业务，用户留存后，向关联度弱的其他业务转化的能力普遍极低，如果没有海量规模的用户，商业模式很难成立。因为绝大部分下一环的解决方案（比如房产之于保洁），已经有成熟的服务商在提供。恰恰相反，低频业务，应该聚焦在如何通过互联网帮助其完成"转化增强"这个点上做深做透。

况且，中低频业务，不是不做留存，而是先转化，再留存，也就是说，留存的是转化之后的一小批精准用户。服务过程越长、依赖系统化过程服务越高的，越有可能留存用户；相反则越难。前者比如教育，付费用户转化之后，可以通过在线的点播、直播、题库、实训等来完成教学，让用户都到线上来。因为一个培训班的服务过程一般有三到六个月左右，且用户对学习系统的依赖是较高的；而后者则比如装修，由于装修的过程一般不超过45天，装修的动作又发生在线下，所以，转化的付费用户，如果想留存在互联网或移动互联网的产品上，几乎是一个不可完成的任务。也因为此，无论是装修直播，还是装修VR，其实都是概念为主、接地气能力不足的产品。互联网在装修这种低频业务上，同样应该发挥其"转化增强"的能力。比如，与其试图用APP来留存装修用户，还不如给设计师提供网络版的设计工具和供应链工具，便于他和用户阐述设计方案和效果的时候，实时地根据用户需求替换物件、实时呈现3D效果以及最终报价。这样的一个互联网工具，显然对于成交是有帮助作用的，对于装修业务，也是更接地气的。

可见，在"低频业务＋互联网"的过程中，传统互联网的"留存"定律被颠覆了，B2C的王道也被改写了。在低频业务的产业互联网化过程中，对于客服价值可能比对于客户更大，因为它要发挥的第一作用是"转化增强"而不是"留存用户"。而真正能帮助到客户转化的，是B（上述举例中的客服、设计师等）而不是C（客户）本身。

对比一下泛娱乐类的应用，它们的基础逻辑是"拉新——留存——转化"，也就是拉一个新用户进来，先免费看、免费玩、免费用，然后留存住了，再通过广告、游戏联运、电商等方式转化一小部分留存的用户，最终实现这一小部分用户的商业化结果。这个过程要求极高的留存能力，所以，移动互联网上的APP比Web网页更适合留存。这个过程也要求海量的用户规模，因为抓取的用户是泛用户，每一次的商业化转化都是概率事件，也就是都有超过70%乃至80%的用户衰减，所以，泛流量要求的就是眼球经济，靠的是内容本身的吸引力。

而低频的行业应用呢？它们的基础逻辑是"拉新——转化——留存"，也就是拉一个新用户进来，就是直接转化为付费用户的，不能转化的用户对于业务是没有价值的，因为它们不是泛娱乐，不是互联网模式下的"免费的午餐"。这个逻辑对于转化的能力要求极高，所以互联网的最大功用就是辅助转化成交。进而，从推广着陆页的产品开始，到线上客服、电销客服、线下营业人员，都需要一套互联网或移动互联网的作业工具来辅助其"转化增强"。自然，这个逻辑下，泛用户反而是一种伤害，因为会浪费大量的服务人员的时间，会降低效率。精准用户才是王道，眼球经济就无法胜任了，取而代之的是价值经济。

综上所述，泛娱乐线上应用与产业互联网的比较如图 2-16 所示。

	泛娱乐线上应用	产业互联网
体量	小	大
盈利能力	相对弱	相对强
刚需点	内容	刚需本身
用户动线	拉新——留存——转化	拉新——转化——留存
核心数据点	要求极高的留存能力	要求极高的转化能力
产品特性	客户端类产品比网页产品更适合留存	推广着陆页和客服能力要求极高
流量需求特点	泛流量，眼球经济	全部要求精准流量，价值经济
业务可分割性	不可按地域分割，全网通用	可以且需要以地域分割

图 2-16 泛娱乐线上应用与产业互联网的比较

产业互联网之"顺序"

第二个维度，叫"顺序"。

传统企业"产业互联网化"，其顺序一定是从线下到线上，而不是相反。线上的互联网作为工具和信息平台，是为了更好地提升整体质量和效率，而用户需求的本质问题，仍然是由产业自身来解决的。

不妨来看一个互联网金融的例子。在互联网金融的 P2P（对等网络）模式中，互联网解决了信息不对称的问题，也就是通过网络的信息发布，需要借钱的人和有闲钱需要理财增值的人，被撮合到了一起。但互联网解决不了更本质的问题是信任问题。P2P，信息撮合完成之后，如果没有金融产业自身的能力，这种网络撮合是无法闭环的。如图 2-17 所示，互联网扮演的是撮合人的角色，互联网的用户是受让人，这两个角色通过网络是可以覆盖到的。然而，整个借贷链条，从第一环的融资人开始，到借款人、贷款人、出让人、担保人，这些都是靠金融产业自身，也就是"+互联网"的"+"来解决的。比如，常见的模式是，一家小贷公司和借款人完成贷款关系，之后将债权通过一家互联网金融平台出让给受让人，中间由一家融资性担保公司完成全额本息担保，互联网金融平台完成的只是最后一击，也就是通过网络募集受让人资金这一环。

图 2-17 互联网金融中，信任问题由金融业务本身解决，互联网只解决信息不对称问题

传统金融行业的层层保障，解决的是信任问题，比如，融资性担保公司是大型国有企业，它投资控股了这家互联网金融平台，这种国有背景加上集团关系，就为受让人敢把钱通过 P2P 给到出让人，提供了信任的保障，如图 2-18 所示。

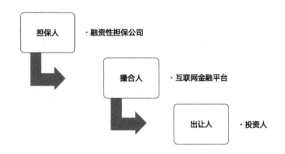

图 2-18　P2P 中常见的担保人、撮合人与出让人之间的关系

　　在 2016 年 8 月的 P2P 新政颁布之后，"金融＋互联网"的产业互联网化组合中，金融的比重进一步加大了，而互联网则已经接近沦为"管道化"的通道。P2P 新政中，要求个人在同一 P2P 平台借款不得超过 20 万元，在不同平台借款总额不得超过 100 万元；法人或其他组织在同一 P2P 平台借款不得超过 100 万元，在不同平台借款总额不得超过 500 万元，并将各平台整改期限缩短为 12 个月。投资限额的本质，是将投融资的主体行为回归到线下更专业的资产交易中心中去，在线下的资产交易中心解决机构对机构的借贷关系，再通过特定承销商，基于互联网金融平台，面向个人用户募集资金（实际是机构的债权转让）。互联网在这个过程中，它的定位变成一个二级渠道，也就是说，互联网被金融"管道化"了。反观五年前，整个广电系统大谈被网络视频"管道化"的危机和恐惧，甚至最终导致了互联网电视这一块"屏"被彻底地行政管控，来防止广电被操作系统和桌面管道化。一个是被别人管道化，另一个是管道化别人，不同的行业，差异如斯。但在金融市场上，门槛却是业务本身的专业深度。互联网在文创行业可以呼风唤雨，但在传统的重度行业面前，却只能继续做它的线上引流的渠道角色。

我们再来看一则房产经纪行业的案例。吴晓波在一次发言中，提到了一个有趣的预测。他说，"原来我到虹桥来，我在这里工作，我要租一个两室一厅的房子，我要去找房地产中介公司，他们赚的是信息不对称的钱，现在有了房多多这家公司，整个房地产中介公司就没有生意了。"

然而，事实是这样吗？

二手房这种商品，信息非标准化、产品非标准化，甚至服务也非标准化。房产中介的商业模式本质不是信息不对称，而是专业的居间撮合及交易、金融服务。这是一个看着简单，但线下业务链冗长和重度的行业。从2010年开始，房产经纪行业就进入品牌认知、资源获取效率、成交转化效率三大核心竞争力的血拼，而线上部分只是这个行业O2O的冰山一角。近年来，来自线上的纯互联网玩法，更多的是希望通过去中间化、去门店化、低价获客等常见的线上互联网运营套路，快速拉高流水和市场占有率，进而获得资本市场的大额投资，进而再通过持续"烧钱"来获得用户，成为行业独角兽，甚至重构商业生态。这是一种典型的从线上向线下的"顺序"，尝试用线上彻底替换或者击穿线下。事实上，无论是房多多、爱屋及乌、悟空找房、Q房网还是搜房网，都在这类尝试中经历了类似的三部曲——小获甜头、众人喊打、终尝失败。

从线上向线下击穿的这场战役，是从价格战开始的。价格战，无外乎针对两类用户。第一，买方；第二，房产经纪人。对于前者，纯线上房产经纪平台打出了0.5%甚至0.3%左右的中介佣金比例，而线下行业十几年来规则都在2%左右，链家甚至是2.7%的行业标准。对于后者，纯线上房产经纪平台中的极致者，一度甚至抛出了将自己收益的 90% 分给经纪人的做法；而线下行业提成比例最高的链家，也不过分给经纪人 50% 的佣金，其他公司大多在 30% 或以下。

纯线上房产经纪平台这样做的实际逻辑是什么呢？并不是 PR（公共关系）宣传中的所谓"个体经纪人""共享经济"亦或是"众创众包"，而是让大量线下门店的经纪人"反水"——拿着线下公司的工资和资源，获取客户的成交意向，然后转移到纯线上平台走"飞单"。对客户而言，降低了交易成本；对经纪人个体而言，获得了比本公司更高的佣金提成。而纯线上房产经纪平台可以根据这个逻辑，快速在几个月之内，冲击掉业界积累了 10 年以上的传统公司，进入一个城市的市场占有率前三名。通过这类高增长实现快速融资，进而用资本的钱周而复始。此时，钱和现金流，已经通过资本市场获取，业务本身不再是盈利的手段，而是阶段性制造数字游戏的手段。然而，这里的本质商业逻辑是完全不成立的，因为线上公司"坑"的是线下公司，假定当因为线上公司的这种做法而让所有线下门店都倒闭的时候，就无人可坑，进而也就没有经纪人跑单了，因为无单可跑。那么这个时候，线上公司的业务从哪里来呢？不开门店、不雇佣经纪人的逻辑，完全建立在跑单、飞单、违背职业道德的逻辑之上，又怎么能长久呢？事实上，资本市场的不认可，股市上的持续下跌，行业里的集体抵制，服务过程的模糊和风险……各种不利因素导致了房产经纪行业的纯线上平台，不仅没有像想象中的快速革命成功，反而自身陷入了迷茫和悖谬——要么开始开设线下门店（如爱屋及乌等），要么恢复拉高佣金、不再烧钱（比如搜房网等），要么减少甚至不做飞单后，使短期造成的高市场占有率瞬间瓦解。在没有资本的输血之后，纯线上玩法也很快被"反颠覆"

了一把。

各种互联网背景或出身的团队，在切入各个垂直领域之初，往往会对这些传统行业缺乏敬畏之心，对这些行业的既有模式和本质规律缺乏深度理解和调研；相反，他们转而直接使用线上常见的打法、套路和资本模式，试图短、频、快地击穿传统行业、快速占领市场，用所谓"互联网思维"来引发颠覆、革命和取代。殊不知，传统行业只可进化，慎言颠覆。误判、低估、粗暴的结果，只带来了这些纯线上应用的资本预冷、股价暴跌、业务无法闭环乃至无以为续的迷茫。可见，产业互联网的最佳顺序，不是从线上走到线下，而是从线下走到线上。

产业互联网之"产品"

第三个维度，叫"产品"。

说到互联网，大家第一印象就是产品——Web 端网站、移动端 APP，貌似不做一个这样的产品，就不是互联网化。所以，不少传统企业转型升级，直接就奔着为了产品而产品去了，做电商、做网站、做 APP，被各种互联网人士"忽悠"，结果一无所成，悻悻而归。殊不知，在每一个具体企业的产业互联网化的解决方案中，未必一定会有互联网产品的出现，但结构化的思维方法，是可以帮助企业抓住痛点、解决症结的。**更多情景中，一个企业的转型升级，是要优先解决战略、策略，乃至股权结构层面的本质问题，而不是解决网站、推广、APP 这些表象问题。**Web 抑或是 APP 的互联网产品，一定是针对某一个能解决核心问题的方案而匹配上的工具。切忌照搬照抄各种形而上的互联网框架、理论或者思维。

不妨看一个互联网医疗的例子。提起互联网医疗，权威专家们一般必谈云医院、实时体征数据、既往史数据、健康档案数据、心理及行为数据乃至个人全息数字生命云的概念，而互联网医疗的大框架则涵盖了从医疗的信息化，到在线疾病咨询，到健康教育在线服务，到远程医疗和在线诊疗服务，再到处方药网售、居家治疗远程监控……从医疗服务业到医疗管理，从表层的挂号缴费到底层的数据安全、开放大数据，一整套的互联网方法绘声绘色、呼之欲出。

然而，在医院做这样一套互联网的平台和工具，解决的是什么问题？相信读者都有在三甲医院看病的经历，有过任何一个大夫能叫得上你的名字吗？又有谁在服务和管理每一个病人的实时体征数据、既往史数据、健康档案数据、心理及行为数据？如果连"服务"二字都尚未达到，又如何通过互联网工具和平台去提升用户体验呢？恐怕做这样一套昂贵的"系统"，花的是国家的钱，受益的只有 ERP（企业资源计划）技术外包公司和实施公司。

相反，有时候一个小工具的开发和使用，却往往能解决一个医疗或养生机构的痛点问题。在生发、防脱发、白发变黑发这个医养的垂直市场，有一家苗药生发的连锁机构，叫岳灵生发。这家机构有超过 180 年的苗族医药古方的传承，有自己独特苗药配方的生产工厂，有覆盖全国的 400 多家连锁加盟店，治愈过数不胜数的脱发患者。然而，整个生发、防脱发市场在过去几十年中，充斥了太多的无诚信机构，治疗过程漫长、昂贵而无效果，甚至出现大量的负面效果。这种行业性的问题，导致了岳灵生发的单店客流量不足。而另一方面，苗药中医理疗的方式更需要长时间的坚持。而不少患者在开始理疗后没多久，就开始怀疑自己的选择是否正确，甚至放弃了复诊和继续理疗的计划。归根结底，如何解决患者的"信任"问题，才是这个企业的核心问题。

"医养＋互联网"，要解决的首要问题，就是信任问题。如果能提供一套完整的工具，用于增强"信任"，就有机会增强转化率、复诊率以及转介绍率。而这套互联网工具，就包括"患者的治疗计划""理疗师的提醒计划""患者的分享转介绍"等组件。

首先是"患者的治疗计划"。给理疗师提供一套工具，用于编辑患者的"治疗计划"并通过微信推送给病人，就可以让患者以类似日历的方式查看到自己的理疗计划、膳食计划、注意事项尤其是复诊日期，可以详细了解到自己脱发的前因后果，并通过集成在这个页面上的文章，了解到苗药治疗的原理、成功案例和特色疗法，还有自己头发的再生过程、每月更新的多角度图片记录，以及这位"头发养护专家"理疗师的个人介绍。这些内容集成在一个H5的页面上推送给患者，不仅可以起到提醒患者如何服药、如何养护、何时复诊的作用，更可以让患者深刻地理解苗药的药理、理疗师为什么要给自己这样的疗法，还可以图片化地全程记录、及时更新自己的生发过程，这种深度服务的感受是能极大地增强信任的。

其次是"理疗师的提醒计划"，这其实更类似一个理疗师的CRM客户关系管理系统，以及对应的移动化办公。理疗师在初诊、复诊的过程中，记录下患者的关键信息和诉求，包括出生日期、家庭、住址、工作、饮食喜好、睡眠时间、穿着习惯、经济条件等。更重要的是，当一个理疗师有上百个患者之后，每天都会有患者过生日，每天都会有患者应该来复诊，理疗师如何能记住这么多信息呢？"理疗师的提醒计划"，会以一个在微信中可以随时查看的 H5 页面的形式，仍然是通过日历的前端形态，提醒理疗师每一天应该来复诊以及过生日的用户列表，点击用户则进入他的详情页，也就是医生自己做的记录。这样，医生通过手机，就可以完成提醒、查看、微信督促复诊、生日问候等一系列活动，从而极大地提高复诊率。CRM 移动化办公，尤其是嵌入微信当中方便灵活调出使用，是非常关键的微创新。

普通的分享或转介绍，对于被介绍者而言，本能地就会触发其怀疑的态度。而现身说法地将自己的理疗计划和治愈结果分享出去，其说服力和转介绍的成功概率毋庸置疑将得到极大的提高。更重要的是，在患者的理疗计划页面上，有他的专享二维码，被转介绍者通过出示这个二维码，到店后可以免费体验一次。与此同时，通过扫描被介绍人出示的二维码，也能将介绍人与被介绍人做关联绑定，从而有了类似积分运营、积分商城等后续运营的机会。当理疗计划和转介绍合二为一时，除了能解决信任问题之外，还可以极大地增强转介绍率，最终为门店带来更多的新增客源。

回归到"产业互联网之产品"的主题上，一个医院机构或养生机构，如果花费上百万去上一整套的"云医院"，不仅可能导致其成本急剧增高，还可能反而导致医生和病人都不使用的局面；而定制化开发一套有的放矢的小工具，却可能可以帮助其转化率、复诊率、转介绍率的快速提高。可见，针对具体每一个传统企业，如何抓住企业痛点、找到解决方案、进而定制出匹配这个解决方案的互联网产品，才是最合理的方法论，如图 2-19 所示。

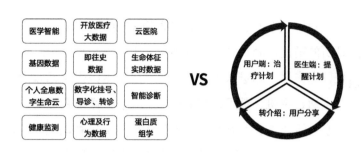

图 2-19 平台级产品与小工具的比较

产业互联网之"特征"

第四个维度，叫"特征"。

长尾化、入口化、免费、去中间化、低价、贴补用户……这些都不是产业互联网的必要特征，只是一些可能性和碎片。

入口（免费或不赚钱）模式，在实体经济中行不通。因为互联网是跨硬件、无限锁定用户的，免费带来的入口价值有高频、边际效应两大红利；而在实体经济中，硬件或物理服务是有明确生命周期的，比如手机每 12 个月可能会被换，办公室每一年可能会搬迁，等等。这样，以装修作为入口，想从住宅后市场获利，或者在"联合办公"项目中试图以办公桌面作为入口，想从创业团队创业成功后融资的资本溢价中获利，这一类的免费模式，不是在颠覆行业，而是在生搬硬套。

小米家装的陈炜曾说过，"给我三年时间，将颠覆整个家装行业"。小米模式是让硬件不赚钱，靠后续的软件及增值服务赚钱。这一模式移植到互联网装修上也是同理，通过不赚钱 699 套餐的硬装撬动市场，获得用户流量，再辅以社区、口碑增强用户黏性，最后在后续的智能家装、软装寻求利润突破。然而事与愿违，家装这种超低频业务根本不可能形成入口，低频业务做留存和社区，是违背常识的想当然，后续的智能家装等转化极低，根本无法形成商业闭环。而小米家装 699 套餐的背后，也只是在博洛尼的整装套餐上做了一个封装而已，既没有着力于自身核心竞争力的建设，又没有办法套用互联网的入口模式，小米家装的颠覆行业的梦想遥遥无期。

产业互联网的特征，也不是去中间化。事实证明，所有以"去中间化"为方法试图击穿传统行业的线上平台，要么是死在融资的路上，要么是根本没有进入这个行业，甚至自己否定自己开始做门店，比如房产经纪行业的爱屋及乌。因为绝大部分的"中间化"不是信息不对称，而是一种有特定的服务价值或行业门槛的存在。

产业互联网的特征，更不是贴补。这里有一个有趣的例子。Uber 曾对英国伦敦和中国成都两个城市，采取了几乎一模一样的贴补运营政策，因为这两个城市的体量相当，而结果却让人大跌眼镜。Uber 伦敦在贴补停止后，用户基本没有减少，贴补的结果是，用户留存住了，商业模式成立。而 Uber 成都在贴补停止后，用户几乎为零，贴补的结果是，所有贴补的用户，都不是你的用户。这是什么原因呢？

英国的出租车成本非常高，共享经济进入后，相对价格更低的专车对于 C 端用户来说是刚需，所以贴补只是获取用户的手段和过程而已。而中国的出租车市场是一个国家宏观调控市场，价格已经很低。共享经济进入后，贴补政策为专车带来的大多是利益驱动的用户。一旦贴补消失，他们还会回归价格更低的出租车市场——他们根本就不是你的用户。可见，贴补和增加用户数量是手段，提升价值链能力是途径，获得盈利才是目的。

那么，产业互联网的特征，到底是什么呢？

如果一定要抽象出一条，那么就是O2O，或者说成"O and O"——"线上线下一体化运营"。**"产业 + 互联网"，传统产业是线下的基础，互联网是线上的优势，两者相加的必然特征，就是线上线下一体化的运营**。O2O之后，几乎没有任何动作是纯线下或纯线上的，也很难区分一笔收入是线上收入还是线下收入，两者最终会水乳交融。比如职业教育，一个学生报了一个平面设计的培训班，他是在网上做的预约，线下缴的费；他参加了开班的新生集训营，下载了APP，接收到了自己的完整的学习计划和排课表；他在线下听了1～10个知识点，然后老师通知全班同学第11到第15个知识点，要在APP里通过点播自学，并在完成自学后提交作业；他在家里自学完成了这几个知识点之后，在PC端用Photoshop完成了作业，并通过Web网站提交到了自己的班级里；他来到课堂之后，老师开始给大家点评作业和改稿，同学们可以在网站的自己的班级的圈子里，看到同学们的作业和批改；到了考试时间，他在线做了5套模拟题库，然后正式进入了考场，完成了毕业考试；他的成绩被同步到了就业频道，这里的用人单位看到他的优异表现，决定面试他；于是，他再次来到了线下，在学校的招聘会上见到了用人单位的HR，终于顺利通过面试，完成就业过程。这个学生，学的是一个线下培训班，还是线上培训班呢？他的这笔学费收入，应该算作线下收入，还是线上收入呢？显然，都不是，因为这是一个O2O的职业教育培训场景。未来的传统产业加上互联网，线下和线上的边界会逐步模糊，任何一个动作几乎都是线下和线上配合完成的，这就是产业互联网的特征。

产业互联网之"量级"

第五个维度，叫"量级"。

产业互联网对企业而言，一定是企业级的互联网产品，而不是行业级的互联网平台，不要奢望去做"垂直行业平台"。

在收藏品行业，有不少网站做的是行业级的收藏品电商交易平台，所有文玩字画的收藏者或作者，都可以开设自己的"淘宝店"，向所有的网站游客兜售文玩字画类的收藏品；而另外一家坐落在有着"世界原创艺术硅谷"之称的北京宋庄、名叫圣合众的公司，创办了一个叫"艺术无界"的油画收藏品平台，只针对自己独家签约的艺术家、油画作品和他的线下会所"艺商会"的会员进行油画收藏品的交易撮合和拍卖。这两者比较起来，如果按照传统互联网的眼光，前者是垂直行业的淘宝，是所有藏家的自媒体，是行业级的交易平台，是互联网的，是事业，是高估值的；而后者，只是一个企业官网，是一个生意，是一个很小的闭环，是不开放的，是 1.0 的，是低估值的。然而，在产业互联网的今天，结论来了一个 180 度的大翻转。前者，是概念大于实践的，是难以闭环的，是几乎无法盈利的，是难以高估值融资的，是必须转型的；而后者，则是可用形成无缝商业闭环的，是商业模式明确的，是有能力高毛利率盈利的，是可用高估值融资的。行业级平台还是企业级平台，全开放还是小闭环，UGC（用户原创内容）还是 1.0，B2C 还是 B2B，这些观念，在产业互联网的时代，都可能会被改写，如插图 011 所示。

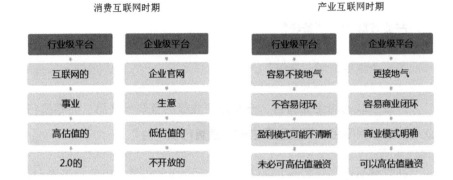

插图 011　行业级平台与企业级平台在不同时期的对比

　　还看上面这个例子。虽然，在高端油画领域，王健林曾以 1.72 亿元人民币拿下毕加索的《两个小孩》、1.27 亿元拿下莫奈的《睡莲池与玫瑰》，王中军也收藏了梵高的《雏菊与罂粟花》，但对于中国当代原创油画，定价的标准化是远远没有做到的。而作为一个垂直电商，最重要的问题莫过于：（1）作者卖不卖？（2）作者在其他地方也卖吗？（3）卖多少钱？（4）作品真伪。作为行业级平台，如果没有和作者有独家授权的签约，甚至和作者签订有经纪合约，上述问题都无法得到解决。试想，一个游客看中了一幅作品想收藏，甚至网上支付也可以走通，但结果是作者这幅画早都通过其他渠道卖出去了，或者不卖了，只是这里没有及时更新；亦或是，一个藏家在这个网站看到的这个作品是 3 万元，在另外一个网站看到的同样是这个作品被标为 5 万元，那么他还会买这幅作品吗？更不要提网站本身如果面对几十万幅以上的全行业作品上架，它又如何去一一鉴别其真伪、价值乃至出售意向呢？于是，在这样的悖谬之下，网站的游客就算相中了作品，也会私下找这个画家单线联系去了，又怎么会在网站形成成交？就算产生了一次成交，没有线下的商家会来沉淀付费藏家，没有一对一的客服去贴身服务，下一次成交又怎会再发生在线上？已成交的作品，下一次又通过什么渠道来升值出售？有几个藏家自己有独立去拍卖会的经验和能力？如果平台没有系统化的二次出售、拍卖代理，甚至回购兜底的能力，藏家如何通过买油画而获得财务增值呢？

一系列的问题，对于行业级平台都无法解答，因为不是所有行业都会出现淘宝的。闭环的前提，很可能是要求线下闭环，再线上化交易，而不是在全开放性的平台上，希望通过作者、藏家等角色的自觉自愿完成闭环。所以，"艺术无界"这个油画收藏品平台，就放弃了做行业级平台的梦想，而专注于做"企业级平台"，它要构建的是一个油画、画家、藏家的"无缝商业闭环"。

首先，它是一个经纪人，它独家签约了一批优秀的油画家；其次，它是一个销售代理人，它获得了这些油画家授权的几百幅油画作品的独家销售权和定价权；最后，它还是一个油画交易的撮合平台，它通过线下的艺商馆运营、线上的艺术无界网站运营，构建起藏家的深度服务中心，为藏家提供包括油画购买、二次销售、拍卖服务、保本回购、艺术课堂、艺术旅游、商业交流等在内的全系列服务。这三重角色的合一，以及平台的线上线下一体化运营，直接就把左手的"画"和右手的"客"全部锁定了，而且对交易的全流程进行了闭环的保障，各种不标准的动作和策略，被这个闭环最大化地标准化了，甚至包括定价的核心算法的唯一性和官方性，如插图 012 所示。

插图 012 企业级平台实现的商业闭环

是否觉得这个模式似曾相识？没错，如果我们把油画这个"可动产"变成"不动产"，把"画"变成"房"，这个交易撮合平台就变成了二手房交易的撮合平台。在企业级二手房交易撮合平台上，比如链家网，所有的房产是"锁盘"的，包括基础信息和价格都是标准化的。企业自身通过线下几万经纪人和几千家门店，完成了这些海量信息的核验。而行业级平台上，比如58同城的二手房频道，是无法"锁盘"的。第一家经纪公司发布一条房源是某某小区1号楼，第二家经纪公司发布一条房源是某某小区1栋，这就变成了两条信息、两套房子，其实是一套。行业级平台上的房屋价格，发布的是经纪人自己写的，为了低价吸客，同一套房子，不同经纪人发布的价格可以千奇百怪，甚至发布一些根本不存在的房源和房价。而作为行业级平台，由于不是和企业做系统级对接，它们根本无力对每条房源进行真伪核验。所以，无论在客户体验端，还是资本理解的价值端，企业级平台的价值都并不低于行业级平台。在产业互联网的时代，由于传统行业的资源壁垒和特殊性，传统意义的"平台""开放""全民""2.0"不再是普遍的王道；相反，企业级互联网产品，才是绝大部分传统企业应该首选解决的问题。

小结：+互联网，应该加上什么

综上所述，对于一个传统行业的企业，如果有计划要进行产业互联网化的转型升级，首先要问自己 5 个问题：

我是高频业务，还是低频业务？

我是一个有线下基础的公司，还是一个纯线上公司？

我是需要一整套解决方案级的互联网产品，还是需要优先解决我的一个业务痛点？

我是否应该，且有能力效仿一些流行的互联网做法，还是应该注重在 O2O 的一体化运营？

我应该做一个企业级的互联网产品，还是转型去做我这个垂直行业的行业级平台？

这 5 个问题，没有标准答案，但只要一个企业事先想透了这 5 个问题，它的转型升级就是接地气的，不容易被忽悠的，更容易成功的。

而"产业 + 互联网"，加的到底应该是什么呢？"+互联网"，首先要加上对历史的尊重，对文明的尊重，对经典管理思想的尊重，对诚实守信的尊重，对利益相关者的尊重，对品牌和知识产权的尊重，对规律的尊重。各行各业都在加互联网，互联网军团则到了要给自己加上敬畏、反思和尊重的时候了。互联网的下半场，是回归核心技术、回归真实能力、回归对产业的透彻理解和为产业真正创造价值的下半场，也是"去忽悠""去概念"的下半场。无论是线下还是线上，都要敬畏本行，脚踩大地，深度沉淀与经营，方能成功。

INDUSTRIAL
INTERNET

下篇

产业互联网的思维、策略与实战

第 3 章

结构化思维：产业互联网的核心思维方法

结构化思维，以"识别、对应、结构、表达"为要点，是产业互联网最核心的思维方法。在这种思维方法的指导下，可以将任何一种行业的业务动作做最小颗粒度的"切片"，进而对其进行重组、改造、升级，尤其是针对痛点问题输出策略。而通过一整套互联网的产品和系统，有效地落地执行这些策略，就可以最终实现产业互联网的提高效率、重塑消费体验的两大结果。本章则以互联网装修作为案例，比较直观、形象而又系统化地阐述了上述理论。

1 互联网思维 VS 结构化思维

到底有没有一种思维方式，叫"互联网思维"？

最早提出互联网思维的是百度的创始人李彦宏。在百度的一次大型活动上，李彦宏与传统产业的企业家探讨发展问题时，首次提到"互联网思维"这个词。他说，我们这些企业家们今后要有互联网思维，可能你做的事情不是互联网的，但你要逐渐以互联网的思维方式去想问题。

其实这个概念的首次提出中，并没有任何稍微具象的描述，到底什么属于互联网思维。后来，雷军把互联网思维提炼成四个概念：专注、极致、口碑、快。但这样的解释貌似更让人看不清了——这四个词，不是商业史上一直在倡导的方法论吗？怎么一下子就变成互联网思维了呢？用户思维、产品思维、跨界思维……各种的生搬硬套或空洞无物的概念，都把自己说成是互联网思维，貌似这是一个无所不能、无所不含、无往而不胜的绝招。但绝招是什么？至今，没有人能说清楚，也没有公认的定义和阐述。

京东的刘强东在一次访谈中说道，"在互联网行业从业 11 年了，我从来并没有觉得互联网有一个特殊的思维。迄今为止，我觉得互联网所有的商业模式，任何一家互联网企业，特别是能够持续成功的企业，最后回头分析的话，会发现它并没有一个超越传统企业的所谓的思维"。万达的王健林也在最近的一次发言中否定了互联网思维的存在，他说："前段时间出现的互联网热潮甚至到了神化互联网的阶段，还出现一个新词叫'互联网思维'。其实这个词刚出现的时候，我就批判了这种说法。我认为根本不存在互联网思维，互联网就是一个工具，怎么可能出现互联网思维呢？许小年教授的一篇文章写得非常好。他说，出现了蒸汽机，能说蒸汽机思维吗？出现了电报，能说电报思维吗？所有新的科技工具只是一种比较先进的工具而已，运用工具叠加到实业当中能产生巨大的价值，但是不能说这个工具叫互联网思维"。

相对而言，否定互联网思维的言论，更有说服力一些。的确，互联网思维过于虚化、过于神话，却又无法给希望通过互联网转型升级的传统行业以具体的方法论和策略，反而容易误导其进行各种生搬硬套或者东施效颦的方法论中。所以，本书更愿意提倡"结构化思维"。结构化思维，才是产业互联网最核心的思维方法，也是能帮助传统企业破冰、破局的方法论。

结构化思维（structured thinking）是指一个人在面对工作任务或者难题时能从多个侧面进行思考，深刻分析导致问题出现的原因，系统制定行动方案，并采取恰当的手段使工作得以高效率开展，从而取得高绩效的思维。如果说这个标准定义仍显得很空洞和让人无从下手的话，那么不妨形象化地理解一下结构化思维。

甲和乙描述了一下自己企业的现状。甲的描述很感性，从一个信息点到另一个举例，从一个故事到另一个细节，很生动，信息量也很大。听完之后，如果乙不具备结构化思维的能力，那么他最理想的状况是：听懂，且被甲的描述所感染，能部分重述甲的论述中的重点。如果乙具备结构化思维的能力，那么他其实根本不是在"听"甲描述，而是在"重构"甲的描述——一边听，乙会一边把甲描述的信息碎片、案例、细节和故事系统化、条理化地放置在自己脑海中的框架里，这个框架则是自己一整套思维方法和经验积累所得。当甲描述完成之后，乙接收到和改造后的信息，已经和甲的平铺直叙完全不同，因为已经经过了结构化的处理。于是，乙可以立即根据自己的理解，抓住要点、痛点，乃至立即提出可能的解决方案和思路。这个过程中，有四个关键步骤——识别、对应、结构、表达。因为有了"对应"和"结构"，就从纯线性的接收，变成了非线性的"再造"，这就是结构化思维的精髓。

有结构化思维的人，听完这段感性的阐述，脑海里立即会呈现出一个这样的框架，如图 3-1 所示。

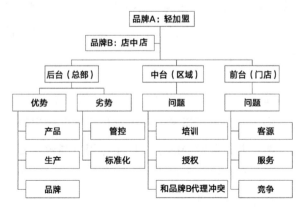

图 3-1 金字塔结构的思维框架

　　这是一个典型的金字塔结构的思维框架，无论有多少细节信息，都可以有规律地纳入这个框架和结构中来，进行分类和判断。于是，我们很快便可以提炼出三个要点：（1）总部有没有可能重组一个强管控的模式，区域变成直营或联营，核心资源回收至总部管理？（2）品牌 B 有没有可能变成品牌 A 的前线，引导该产品进入的美容院成为品牌 A 的加盟店的投资人？（3）如果前两者都太困难，那么，继续弱管控的轻加盟模式下，有没有可能通过重构运营规则、标准化资源和运营策略，来让中台（区域）有更好的服务能力和运营能力，用运营来代替管控，进而让前台有序的发展、竞争？

　　结构化思维的框架，是需要相当多的实战经验和行业知识积累的，所以，这种结构化能力的形成，并非一日之功。但另一种结构化思维的具体的方法论，却几乎是人人都可以练习和使用的，这就是一种将业务流、工作流最小颗粒度"切片""分解"的方法，类似"庖丁解牛"。这种方法，是一个企业乃至一个行业的产业链升级、重构的最重要的第一步。只有最小颗粒度地把每一个动作切分清楚，才可能看清事物的本质和问题的本源，进而该扔掉哪些过时的环节、该补进哪些原来没有的环节、该替换或升级哪些已经跟不上时代的环节，才会一清二楚，进而经过重新结构后的一条产业链，才会应运而生。一个金字塔形状的框架结构，加上一个最小颗粒度的切片方法，就是结构化思维的精髓。而结构化思维，则是产业互联网最核心的思维方法。

2 伪互联网思维："互联网装修"与F2C

虚构的用户需求：VR、电商、UGC、入口

既然本章讨论思维方法层面的问题，不妨拿近年来比较火的"互联网装修"作为案例，来看一下究竟什么才是真正的"互联网装修"。

VR？电商？UGC？入口？都不是，这些都是虚构的用户需求，是典型的伪互联网思维。

如图3-2所示，出于猎奇，或许一些用户会带上VR眼镜看看360度全景效果，但这个动作连助攻都谈不上，绝不会因为这个动作而导致成交——用户在装修这个业务上，关心的核心点在于"价格"和"质量"，而不是前期如何花哨的体验。

图 3-2 VR 装修

垂直电商，对于装修相关的商品，无论门窗还是厨卫，不仅客单价高，而且极其不标准化，差出一厘米都安装不上，又怎么可以在线实现全闭环的购物呢？再者，现在主流的装修套餐中都是包含了一应俱全的各类主材的，又哪里需要用户自己去电商平台选购？

UGC，更是一个生搬硬套互联网玩法的伪命题。在线 DIY（自己动手）设计自己的房间效果图，有几个用户会有能力和兴致去自己做效果图？分享装修心得和家庭美图，晒装修成果，装修都结束了，还有几个用户会留着你的 APP 不卸载？晒图也是在微信朋友圈的社交群落当中，怎么会在陌生人群中去晒图？

至于"入口说"，拿装修比作 PC 上的 360 杀毒，因为装修是所有"住宅后市场"的第一环，一旦在这一环锁定了用户，后续从开荒保洁开始，到软装、家具、家纺、家饰，再到维修、安装、保洁，甚至围绕上述行为的消费金融，就可以全部在一个入口开启，从而用互联网的模式来做"住宅后市场"的生意。而装修如果可以有"入口"模式，则可以仿效互联网打法，以免费、不盈利，甚至亏损为代价，获得用户留存，进而在下一链条中获利，如图 3-3 所示。

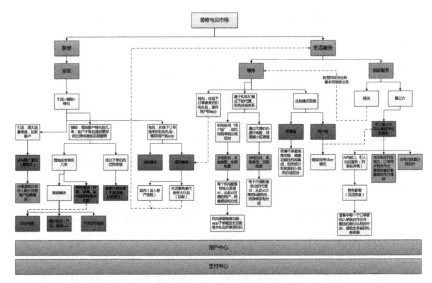

图 3-3 一个理想化的从装修到住宅后市场的商业模式

但最大的问题是：用户规模。任何一次跨服务的转化，都有至少70%，多则超过80%以上的用户衰减。如何用不到20%的二次转化的用户产生的利润，去填补本体业务的不盈利？复杂的跨服务转化，带来了极大的商业模式的不确定性。更困难的问题则是，下一产业链，一定已有了成熟的解决方案提供商，这些服务已经让大部分用户形成了使用习惯，又如何让用户改变已有的行为习惯？强如微信，其用户依然不习惯在微信里进入大众点评、京东或58到家等服务，而是退出微信、进入大众点评、完成操作、用微信完成支付——用户的行为习惯是极难改变的！所以，试图用装修来占领用户入口，从后续的生活到家服务来赚钱，只是一种理论存在，实践中极难实现。

那么，什么样的"后市场"，是可以企及的呢？消费延展有5个必备条件。第一，紧贴上一链，中间不能有间断，也就是做完这个服务，立即就要做下一个动作的；第二，该服务必须是绝对刚需，也就是不做不行的；第三，该服务是一个解决方案级的服务，不是用户自行可以采买解决的；第四，该服务需要有较高的服务门槛，也就是不是到处都可以找得到服务商的；第五，该服务需要有较高的客单价，可以是低频高价值，否则，做了半天增值服务，就赚了 10 块钱差价，也毫无意义。同时满足上述条件，这就已经是一个很窄的范畴了。比如，别墅装修完成之后，花园造景的整体解决方案提供，就符合上述的条件，可以算作"别墅室内装修"的一个"后市场"。再比如，小户型装修完成之后，平民价格的全屋定制家具，也符合上述的条件，可以算作是"小户型装修"的一个"后市场"，因为小户型的房间刨去公摊，如果去市场上采购家具，无论如何也是会浪费掉不少面积的，而面积对于小户型，又是浪费不起的。这样一来，平民价格的全屋定制家具，就有很大的转化成功概率。然而无论如何，所有的"后市场"都只能是"增值服务"，是带来额外利润的部分，而不能成为入口免费或不赚钱的商业理由。

谁才能真正做到 F2C

既然上述生搬硬套各种互联网思维、互联网风口的装修需求，都是虚构的用户需求，根本不是互联网装修，那么，什么才是"互联网装修"呢？互联网之于装修，到底是在哪个环节发生了质变呢？

答案是：F2C。

所谓 F2C，就是 factory to customer，即从厂商到消费者的模式，也称 C2B，就是消费者来定义厂商的生产，过滤掉中间交易环节，比如卖场、渠道商、代理商等，进而使消费者获得最优惠的价格，而厂商也不会产生额外的库存，实现双赢。这是典型的提倡消费侧影响生产侧的模式。互联网装修的本质，就是F2C。理想化的状态是，用户通过互联网来确定装修需求和明细，这样去掉了实体店的渠道代理成本，进而，大量用户在网络确认需求，厂商也无须事先生产各类主材和辅材，而是等互联网装修公司将用户需求给过来之后，再定制生产，进而通过互联网装修公司，直接从工厂到用户家中。这样，保证质量的同时实现价格最大化优惠，因为省去了中间全部环节。

很多打着互联网装修旗号的服务商，没有完全理解上述逻辑，而零散地提炼出"互联网装修便宜""互联网装修是套餐模式"等个别要素，这些都是不完整和不准确的。便宜、套餐都是F2C的一种前端呈现形态。然而，F2C这种理想化的场景，对于新兴的互联网装修平台，真的可以做到吗？

首先，F2C要去渠道，工厂直接到用户。但绝大部分打着F2C概念的全屋定制家具以及互联网装修，只是去了"代理"和"进卖场"，自己却在非卖场的闹市做了样板间和体验馆——它只是自己兼任了渠道。客单价超过2000元且非标准化家居商品，用户一般都需要强现场体验后才可判断，根本无法形成类似快消品或3C电器的纯电商场景。除非以后每个顾客都去生产车间去看样品，否则，样板间和体验馆还是一个无法回避的问题。VR绝对解决不了现场的体感、触觉等感受问题。

其次，新型互联网装修平台，零起步、冷启动，根本没有全国范围的规模效应，没有可能直接面对工厂拿到底价。而且，装修行业的网络渗透率低，超过90%的成交依然来自线下渠道。所以，纯互联网引流也带不来规模化的成交。

最后，一些尝试用免费加盟模式，快速收割各地小装修公司，进而统一供应链，最终做 F2C 的所谓"互联网装修"，结果既无法保证品牌和服务的一致性，又没有话语权让加盟商走自己的供应链体系，最终除了刷 GMV（交易流水额）流水、进而 2VC（给投资人）讲故事之外，只是给自己带来了更大额的亏损和税务难题。这种自己明明是弱管控角色，非要试图做强管控环节的问题，也在装修行业的次平台身上出现了。土巴兔等行业级次平台，为形成商业模式，强行自我定位成双重角色——商机分发 + 唯一供应链选择入口。因为单一的商机分发，流量买入卖出的差价模式在当下已经不成立，所以，唯有靠供应链起规模后，演变成 F2C，才有闭环的商业模式。然而，这种捆绑销售，从一开始就注定角色错位，因为它破坏了行业规则甚至很多灰色规则——次平台从 B 端的上游，变成了 B 端的利润来源竞争者，从朋友，变成了竞争对手。结果，供应链强制统一也成了一纸空文，无法落地。

可见，F2C 固然美好，但对于绝大多数新兴平台，无论互联网装修还是传统装修，都是一个可望而不可及的理想。F2C 分为三个层次，第一个层次，是所见既所得的设计模块。这个在线设计模块，没有什么门槛，就算自己的互联网技术能力开发不出来，也可以企业付费购买酷家乐、三维家等第三方设计平台的企业级服务，直接使用别人现成的高水准成果。然而，这里的所见既所得，只是"图形"层面的，而用户关注的不仅仅是效果，如图 3-4 所示，还有价格。如何让设计师每拖曳的一个物件，都实时能在报价清单上呈现呢？唯有平台上所有的物品，必须是仓库里有现货可配、价格透明、供应链明确、真实存在的，而不能是一个"效果图"。这就是 F2C 的第二个层次，也就是所有设计平台上可见的商品，都是供应链平台上一一对应的货物，前端要和后台完全匹配上。

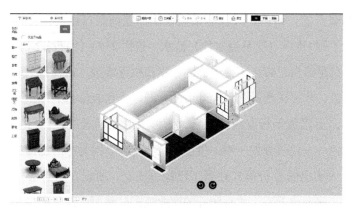

图 3-4　F2C 的在线设计工具

F2C 的第三个层次，则是上面提到的价格问题。这一步的难点是，你的材料报价，并不比卖场的专卖店卖的低，甚至只高不低。因为你没有足够的规模，还要自己做仓储、配送、安装和维修，你的价格可能比有中间代理商的渠道模式更高。所以，一切的难点，并不是创新的概念或模式，也不是在线的平台或工具，而是你的既有规模，注意，是你今天就有的既有规模，而不是假定模式成功后的未来规模。没有既有规模，除非有巨大资金用于烧钱贴补，否则 F2C 只是一个概念。而如果 F2C 没有价格优势，那就彻底变成了一个"伪命题"。

既然 F2C 是互联网装修的核心，而新兴的装修平台很难做到，那么，谁才能真正做到 F2C 呢？带有反讽意味的是，天天挂在嘴上炒作 F2C 概念的新兴互联网公司，根本做不到真正的 F2C，反而是很少说自己是 F2C 的装修行业的垄断巨头们，其实早已经做到了 F2C 和互联网装修。这也正印证了前文提到的理论——O2O 是从线下往线上走的，而不是相反。因为产业＋互联网的主体，仍然是产业本身。以东易日盛、尚品宅配等为代表的家装、定制家具企业巨头，既有由于历史红利和时间积累而形成的巨大的 GMV 流水基础和店面覆盖（东易日盛或尚品宅配等，年收入都在几十亿元到大几十亿元区间），又拥有自有的互联网设计及供应链管理系统（封闭的企业级应用，而不是酷家乐这种开放的行业级应用），还拥有自建工厂（超过 50% 以上的供应链商品产自自有工厂）、连锁门店及展厅（线下交付场所）、配套仓储物流安装维修能力，以及非自有供应链商品的绝对控制力（规模达到质变），它们才是能真正做到 F2C 的互联网装修企业。

最后补充一个小细节。顶尖卖场，比如红星美凯龙、居然之家等，它们自营的互联网装修业务有无供应链的优势？答案是否定的。因为卖场和供应链商户之间是租赁店面关系，它们自营的装修业务和供应链商家是上下游关系。卖场自营的互联网装修业务，在规模体量不够的时候，单品价格依然没有任何优势。

3 真结构化思维："互联网装修"的策略升级

在论证了一系列装修行业的伪互联网思维以及 F2C 之后，那么，结构化思维，也就是本章论述的核心，又和互联网装修有什么关系呢？事实上，任何产业加上互联网，都不是单个点上的加成，而是整个产业链条的升级和重组。虽然 F2C 是互联网装修的核心，但如果善用结构化思维，来给装修行业做"流程再造"的升级，则可以让装修行业从主材、辅材、套餐、获客、邀约、到访、接单、跟进，到供应链管理、工地管理、设计师分配、工长分配、员工评价体系等全流程的环节得到提升，这正是前文提到的最小颗粒度"切片"业务动作的方法论的一次实践。

先来看看一个经典的装修业务流程是怎样的。图 3-5 就是装修业务流程的"再现"。普通的企业 ERP（企业资源计划）的实施或信息化，就是将业务流程做成互联网后台，让业务人员使用，进而实现数据化、标准化的管理。但这种 ERP 更多只是"再现"，无法做到"再造"，因为产业互联网的理念没有扎根进去，就没有办法在信息化业务系统的过程中，抓住业务痛点和解决业务痛点。

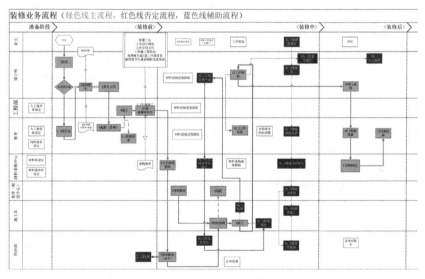

图 3-5 装修业务的流程图

而要把"再现"变成"再造"，就需要用到结构化思维作为方法论。同样是装修业务流程，经过结构化思维的提炼，就变成了一个关于互联网装修业务的资源配置、权限管理、业务分工的金字塔结构图，如图 3-6 所示。

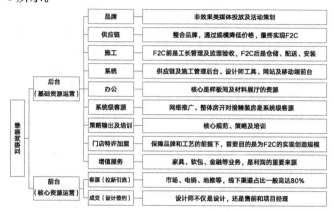

图 3-6　用结构化思维的金字塔理论解析装修业务的业务流程

不难看出，互联网家装的业务流，更趋近于一个线性服务——设计师是售前，工长是售中，维修是售后。这就明显不同于房产经纪的业务流，后者是一个居间撮合服务，经纪人居间，撮合"房东"和"买家"。撮合类业务，核心资源可以掌握在后台，比如房产经纪或者互联网金融；而家装业务作为线性服务的代表，则需要前台控制核心资源，也就是从引流到成交的两大核心业务动作需要前台掌握和运营。通过这第一重的结构化思维的方法论，就明确了总部（后台）和业务（前台）的分工、依据以及目标。

而结构化思维不仅能把散乱僵硬的业务动作逻辑化、结构化，更能够将业务流程做最小单元的"切片"，找到痛点、抓住核心问题，进而有针对性地输出策略。这是结构化思维的第二重方法论，按这个方法，上述的装修业务流程就变成了图 3-7 所示的动作"切片"。

互联网装修业务切片	新楼盘来源	扫街+网站抓取	统一调度、协同作战、共享基础信息
	楼盘分析	基础信息	房价（消费能力）、交房时间（跟进时长）、户数（人力）
		洗盘模式	自己电销拉客，还是委托售楼经理或物业经理联合运营
	行动策略	集中（或分头）作业	对于一个平台旗下多家直营或加盟公司的，尤其重要
	客户首次到访	如何确定客户归属	运营规则、判定方式（多家、多渠道）
	分配设计师接待	随机分配是常态	建立设计师等级评价体系以及客户画像，进行系统级匹配
	商机跟进	随性自发是常态	设定一周一次、双人跟进、录入系统的规则
	量房、出效果图	集中作业有优势	集中作业会在很短时间拥有一个小区的全部户型、效果图
	交定金、签合同	统收统付、消费金融	总部统一解决装修贷款的消费金融服务商
	分配施工队	竞标？随机分派？	建立工长评价体系及商机分配运营规则，系统级解决
	配送、仓储、安装	F2C	F2C成立之后，自建场地、团队和培训能力
	监理验收	用户参与评分的节点	收集用户给予设计师和工长的评分
	收款结项	全面引流"后市场"	代金券、微信公众号
	家居后市场	软装、家具等	基于效果图和用户画像，全屋定制

图 3-7 装修业务动作的切片和痛点问题发现

不难看出，随着对于作业动作的细分，每一个业务动作当前的不规范、不标准化、不透明化的问题浮出水面，而这正是整个装修行业的痛点。在万亿元级的市场容量下，没有一家企业的产值超过百亿元，也就意味着行业第一名的市场份额不到 1%，这是典型的大行业、小企业的弊病。而解决这些症结的关键，就在于用互联网系统和工具来进行运营规则的设定、运营资源的分配，尽可能把各种不标准化的动作标准化、透明化，这个过程，就是产业互联网化的过程。

为了执行上述关键动作的策略，一个互联网装修的企业需要配备图 3-8 所示的互联网系统，以应对提高效率和重塑消费体验两大需求——这也恰恰是产业互联网的两大核心输出物。而这一系列的产品、工具或算法，也都是和上述业务动作"切片"后的核心策略输出——匹配和——对应的。有了这些系统，并连通这些系统，才可以在真正意义上做到"产业互联网化"的管理装修业务的全流程和全角色，传统装修才能进化为"互联网装修"。

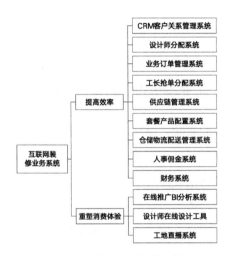

图 3-8 互联网装修需要的各种系统和工具

先看一下提高效率相关的装修业务系统，比如 CRM 客户关系管理系统，如图 3-9 所示以前一个客户来访后，设计师可以把客户当成"私客"，一旦设计师离职，客户也就跟着流失；而现在，设计师必须录入 CRM 管理系统并做客户跟进记录，同时，和客户第一个联系的客服人员也会与该客户同步保持跟进。而 CRM 系统里的用户画像标签，则不仅让整个装修业务组可以详细了解客户的特征，更可以让"后市场"的诸如定制家具、花园造景、二手房清洁等其他业务主体，提前做好消费延展的商机筹备。广西"家之宝互联网装修"的 CRM 客户关系管理系统如图 3-9 所示。

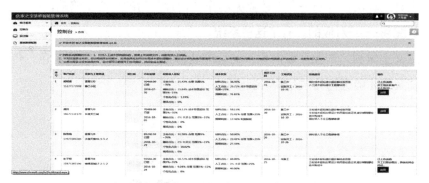

图 3-9 广西"家之宝互联网装修"的 CRM 客户关系管理系统

比如设计师分配系统。以前一个客户来到公司，客服往往是根据哪个设计师和自己关系好，甚至给自己的好处费多，而优先通知这个设计师去接待，甚至出现过一个客户刚到公司，多个设计师跑过去抢单的情景。而现在，由于有了设计师分配系统，系统后台会根据运营规则把这个客户分派给最适合的设计师来跟进，彻底解决了人工派单的不标准、不透明的问题。而派单的依据则是设计师评价体系，这个体系综合有设计师参与过设计的小区、入行资历、近期业绩、近期转化率、客户反馈或投诉等多重因素并配以权重，也有效避免了唯业绩论的弊端，因为有的设计师半年就接了一单，由于是别墅单，业绩一直第一，但这并不能说明他的转化能力高。所以，一个设计师等级评价体系，就决定了商机的分派规则，也就决定了商机的转化能力，这对商业效率的提升，是至关重要的。

比如业务订单管理系统，如图 3-10 所示。这相当于整个流程交易管理的核心线索，什么时候该进材料，已经收取了用户多少首付款或中期款，工地进展到哪一步，都是从这个系统中出准确的数据信息，进而同步到其他系统中去。比如，客户中期款不愿意交了，这个时候，按照传统业务的流程，财务知道了，但负责配送货物的主管不可能知道，他还可能继续给工地按计划配送瓷砖、地板，而工人更不可能知道，还在继续施工，这就可能造成业务的损失。当一个城市超过100个工地同时开工的时候，按照传统装修的管理能力，某一个业主家里停工90天，可能总部都不知道这个事情的发生。而随着信息化系统的部署，总部管控每一个工地的进度成为每天早上刷一刷手机就可以知道的事情。广西"家之宝互联网装修"的业务订单管理系统如图3-10所示。

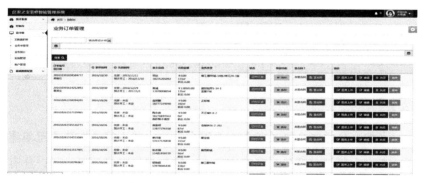

图 3-10 广西"家之宝互联网装修"的业务订单管理系统

再比如工长抢单分配系统。设计师确定完施工图和效果图，用户签完合同，就到了该分派工长去施工的阶段了。和分派设计师一样，以前的工长分派，也是纯人工解决的，无法做到效率最优、透明度高。这里，到底是应该"用户抢工长"，还是"工长抢用户"，在互联网线上公司和传统装修公司之间，形成了分歧。而互联网的理念中，应该是"用户抢工长"。于是，新浪抢工长，把工长做成类似淘宝店的商品，提倡用户 2.0 行为，由用户为自己选择工长并委托他施工，如图 3-11 所示。然而事实上，用户对重度选择、专业门槛高的行业，未必需要 2.0 的主动行为，因为他们根本不懂，也无从判断，又如何选择呢？何况，任何商品，包括人（工长），都存在刷单和刷好评的问题，每一个工长都是五星好评，这样就更让普通用户无所适从。但这恰恰是企业级闭环体系中不会出现的。所以，传统装修公司的"工长抢用户"才更加接地气和符合用户需求。

图 3-11 新浪抢工长平台

当然，分派哪个工长负责实施哪个工地，并不完全取决于抢单速度（态度意愿）、竞价（利润空间）、用户评价（好评度）等，还有更多因素需要综合考虑，比如当下这个工长正在施工几套房（负载能力），这几套房与当下房源的距离和顺路与否，等等。综合多个因素并配以权重，才能得到工长的综合评价体系。最终，人工干预则是"工长抢用户"模式的独有优势。因为行业级平台，是无法分辨工长提供信息的真伪的，这个和 58 同城无法分辨房产经纪人提供的二手房信息真伪是一个道理。而"工长抢用户"的模式下，开发企业级闭环体系中的、类似滴滴打车的抢单功能，基于工长上报的竞价、抢单速度获得初步排名，但最终需经由业务后台，由企业方决策和分派工长。系统级竞价及抢单数据是基础排名，最终选择基本尊重但又不完全依赖于系统数据及排名，从而实现效率最优。广西"家之宝互联网装修"的"工长抢单"工具如图 3-12 所示。

图 3-12 广西"家之宝互联网装修"的"工长抢单"工具

此外的供应链管理系统、套餐产品配置系统、仓储物流配送管理系统、人事佣金系统、财务管理系统等，也都分别起到至关重要的作用。比如，供应链管理系统，每一件设计师可以在前台设计、配置的商品，必须取自这个系统，且有对外的明确报价。任何一件商品断货、停产，都需要立即更改供应链管理系统里商品的状态；否则就会出现传统装修经常遇到的，设计师在效果图和施工图中使用了这个产品，结果在施工在这个环节的时候才发现，这个品种早都断货甚至停产了。这个时候换材料、换品牌，极容易引起客户和平台之间的不一致。再比如人事佣金系统，客服、网销、设计师、设计助理、施工管理部……不同的角色和部门的佣金提成的计算，以及匹配到首付款、尾款的到账情况，再计算上具体角色需要扣款的系统记录（比如几个部门协商一致走"折单"给客户降价，等等），这些通过人事佣金系统的计算，实时的账单数据会推送到工作人员的 APP 上。可以说，传统的 ERP信息化，更多的是第三方应用开发商提供一套通用的客户端软件，去匹配企业的信息化管理诉求。那么，今天的产业互联网，提倡用结构化的思维方法，去拆解和再造业务流，而不是简单地匹配或迎合业务流，它的目标是解决痛点，提高效率。而互联网和移动互利网是工具和数据平台，用于量化和执行策略和运营规则。这就是产业互联网和传统 ERP 的不同。

我们最后再看看互联网装修的业务系统是如何重塑消费体验的。设计师的在线设计工具，可以让客户来访后，和设计师一起，经由设计师的实时操作，所见即所得地看到自己的房间的效果图及准确报价，解决了标准化和透明化的问题，同时也杜绝了设计师从供应链厂商拿回扣的可能。这是用互联网的透明化能力解决的装修行业的一大顽疾。而工地直播系统，则让业主可以不用每日奔波于住所、公司、工地之间，通过调取工地摄像头以及查看每日工长上传的截图，就能实时了解工地进展情况，极大地提高了服务体验。而最重要的，当数"在线推广 BI 分析系统"。因为在线推广的数据分析，不仅是市场层面的事情，更是对套餐产品竞争力、价格竞争力、品牌竞争力等的真实映射。不妨看看图 3-13 所示的一组数字。

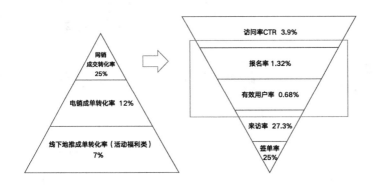

图 3-13 互联网装修的 BI 系统反馈出的关键数据

从图 3-13 中不难看出，相比于地推以及电销的成单转化率而言，网销的成单转化率是最高的，达到了 25%。然而右侧的这个针对网销的数据漏斗则显示，在 5 个重要的数据漏斗环节中，报名率和有效用户率的百分比，明显低于行业应有的平均水平。

我们首先来解释一下这 5 个率。访问率（CTR），指的是从用户在网络渠道上看到一则广告（见图 3-14），到点击这个广告进入广告着陆页的用户之间的比率，这个考察的是市场投放人员的文案创意（Sem 类渠道）、图片素材创意（Dsp、信息流类渠道）的能力。

图 3-14 优秀的家装业务广告素材

报名率，是指进入广告着陆页的用户，和留下手机电话号码的用户之间的比率，也叫网电转化率。用户留下号码，也分两种可能。第一种是直接在页面相关处填入自己的手机号，第二种是经由在线 IM 聊天，通过客服的沟通提供了自己的手机号。无论哪一种方式，报名率主要考察的是着陆页以及着陆页上产品自身的吸引力和核心竞争力。

有效用户率，指的是经由电销客服拨打过去，能打通且有意向购买的用户，和总报名数之间的比率。

来访率，指最终来到线下的成交场所（如装修公司）的用户量，和有效用户量之间的比率。

签单率，也叫成交率，指的是最终签约成交的用户量，和来访的用户量之间的比率。

来访率考察的是电销客服人员的说话技巧、邀约能力，而签单率考察的是线下销售（在装修行业则对应着设计师）的销售能力和业务能力。

不难判断，这个案例中的报名率和有效用户率低，可能的原因有两种。第一，装修套餐产品本身有问题。比如，标准化的套餐模式，对追求绝对价格的价格敏感型用户来讲，他们感觉太贵（他们会选择最低价格的游击队模式的施工队）；对高端用户来讲，他们看不上（他们会选择"半包"，完全个性化定制）。套餐的对象就是白领及办公一族。然而，如果不是 F2C 级别的供应链能力，而只是普通的建材产品打包，则要么套餐单价太高，要么可选主材太差。因此产品可能存在硬伤，竞争力不够。这可能是用户报名率低的原因。如果是这个原因，那么互联网推广的数据反馈，就要让业务层、供应链层及时地了解，调整产品、套餐乃至价格，以进一步测试用户的反应。

而另一种可能，则是这个着登录本身有改进的空间。优化的方向则是：如何吸引用户给出自己的手机号码？这则是对互联网的产品经理、UI 设计师等提出了更高的要求。比如，着登录的套餐详情里，是否可以直接从供应链管理系统里拉出每一件主材和辅材的品牌和简要信息，以便客户准确地知道这个套餐是否能满足自己的需求（见图 3-15）？再比如，吸引用户留下手机号而赠送给用户的福利，是否足够大、足够诱人（见图 3-16）？

图 3-15　登录页增加用户关注的价格明细　　图 3-16　优秀的家装业务广告及着登录

　　总结一下本节的要点，就是：结构化思维——业务动作切片——针对痛点输出策略（解决方案）——开发互联网管理系统来完成策略的执行、落地——最终实现产业互联网的进化：提高效率、重塑消费体验。这就是一个典型的从结构化思维起步，以完成企业转型升级为结果的全过程，如插图 013 所示。

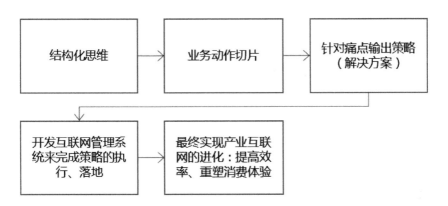

插图 013 从结构化思维到产业互联网

第 4 章

提升效率：房产经纪行业的共享经济策略

提升效率，是产业互联网核心的主题之一。这个主题，在房产经纪行业的进化过程中体现得尤为典型。尤其是以 21 世纪不动产中国的"M+"模式为代表的新一代房产经纪"共享经济"策略，通过房源共享规则、客源分配规则、互联网作业平台等多元化的资源输出，助力中小房产经纪公司完成创业梦想、实现特许加盟体系的协作共赢生态。资源驱动规则建立，规则驱动效率提升。而当商机分配效率、经纪人作业效率、管理人管理效率、客户成交效率等通过产业互联网化的策略和产品得以提升之后，房产经纪行业的共享经济理想也得以践行。

1 房产经纪行业扫描：回归商业本质，拥抱产业互联网

房产经纪，顾名思义，指的是二手房的居间服务业务。中国进入了一个房产的存量时代，大城市的新楼盘基本都已经开在了郊区，市区的楼市交易集中在存量市场，也就是二手房市场。而与此同时，随着人们经济条件和生活水平的提高，对于改善性住房的需求也逐渐演变成了一种刚需。于是，房屋的换手率也逐年升高，预计在未来几年会提升至 2.7% 左右。存量时代的到来与换手率的提升，共同催生了房产经纪这个万亿元的巨大市场。据统计，2016 年，房产经纪的 GMV 达到了 5.3 万亿元；预计到了 2020 年，房产经纪的 GMV 将达到 9.2 万亿元，如图 4-1 所示。

整个房产经纪行业，头部效应是非常明显的。排名前三名的城市上海、北京、深圳，在 2015 年产生了 1.8 万亿元的 GMV，占当年市场份额的 42%。而预计到 2020 年，这三个城市将产生 4.1 万亿元的 GMV，占全国市场份额的 45%。位于第二梯队的城市，比如南京、广州、

天津、杭州、苏州、厦门等，总计 17 个城市的 GMV 总和，约占全国市场份额的 30%。而其他 300 余个城市，加起来约占全国市场份额的 25%~28%。可见，前 20 名的城市是最主要的二手房交易的场所，因为人口流动主要集中在这些城市，它们总计占有全国市场份额的 75% 左右。而这其中，前三名的上海、北京、深圳又占有一多半。

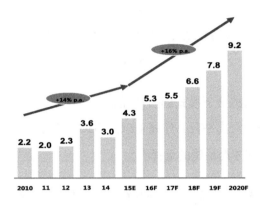

图 4-1　中国二手房 GMV 成长预测

　　房产经纪行业，是一个典型的需要向产业互联网进化的行业。在消费者层面，铺天盖地的假房源已然成为行业第一大毒瘤。58 同城、赶集网、安居客、搜房网等行业级平台上，北京在售的二手房有 100 多万套，然而实际真正在售的房源可能不足 5 万套，更不用说大量用于"钓鱼"的虚假房源、虚假价格甚至虚假业主。在企业层面，房产经纪公司，动辄几千家、上万家门店，几万乃至十万名经纪人，管理过于重度；而且受宏观调控的影响，房产价格呈 M 形波动，进而企业的财报波动太大，影响了资本估值。在思维方法层面，房产经纪的业务模式及管理相对粗放，信息化程度不高，需要通过结构化思维进行模式重构、策略优化，并通过产业互联网的方法和工具进行运营和管控。

而在资本层面，一个房产经纪公司进入新城市、新商圈的资金需求大，需要较大资本的助力；而整体行业估值仍处于洼地，商业模式还有进化和完善的空间。所以，拥抱产业互联网，拥抱资本，回归商业本质，就成了房产经纪行业的当务之急。

2 房产经纪行业进化的三种选择：次平台、纯线上、O2O

除去传统的纯线下模式的房产经纪公司外，行业的大多数企业可以归入以下三类：次平台、纯线上以及O2O。那么，房产经纪行业的进化，哪个方向才是最优的选择呢？

次平台的典型代表是：58同城、赶集网、安居客、新浪乐居、搜房网，平安好房等。不难看出，几乎每个次平台的背后都有一个流量大户的"撑腰"。无论是58同城、赶集网、安居客合并之后形成的矩阵平台，还是背靠新浪的乐居，以及背靠平安集团的平安好房，都是在母集团资金、资源尤其是流量的输血供给下，才拥有了成长为行业级平台的能力。唯一特例的搜房网，它是早在十几年前的蓝海时期，依靠历史红利和窗口期，快速成长为垂直行业第一媒体。这仍是一个特定时期出现的自然景观，不可复现也不可复制。

次平台在近年来的发展过程中，也遭遇了两大困惑。首先，它们作为行业级平台，只能通过开放"端口模式"，让经纪人以发房源的形式上传房屋售卖信息，而平台自身无法监控其真实性，使端口模式成为了假房源的根源。其次，次平台在商业模式的升级上也遭遇了：

"天花板"。以搜房网为例，固有的售卖广告的模式，已经无力支持其后续的持续成长和企业估值需求，于是，搜房网推出"房天下"的品牌，开始向线下拓展门店，自运营房产经纪业务。然而，低价、靠经纪人走"飞单"从而快速拉高流水规模和市场占有率的模式，不但引起全行业的抵制，也没有得到资本市场的认可，更无法形成商业闭环。2016 年 Q2 搜房网的财报显示，上半年搜房网亏损 1.428 亿美元，也就是半年亏损了接近 10 亿元人民币，这也引起了其股价的持续大跌。

可见，对于绝大部分的房产经纪公司，无自有流量、无大笔现金可"烧"，转型做次平台，也就是第三方的行业级房产经纪平台，绝无可能。

而纯线上的房产经纪平台，以房多多、爱屋吉屋等为代表，在 2015 年开始，也从线上向线下发起了猛攻。然而这一轮的冲击，是以商业逻辑的自我悖谬为前提的。贴补、低价的背后，更多是简单套用互联网的打法套路，而缺乏对房产经纪行业自身规律的深刻理解和尊重。事实上，从爱屋吉屋终于俯下身来自我否定，开设自己的线下门店开始，就已经注定了，纯线上、无门店的房产经纪，是一个"乌托邦"，尤其对用户的撮合服务、闭环交易等很难做到像 O2O 的房产经纪平台那样到位。曾豪言颠覆传统中介重资产运营模式的"安个家"，最终也没走完 2016 年。"安个家"创始人梁伟平在 2016 年最后几日承认公司倒闭。谈及失败的原因，梁伟平表示，"资本寒冬叠加行业的宏观环境，让我们步履艰辛""我和管理团队依然没有找到这个行业互联网化的有效模式"。

而 O2O 的线上线下一体化的运营模式，则成为绝大多数房产经纪公司的共识。无论是直营起家的链家、中原，还是特许加盟起家的 21 世纪不动产，亦或是源自线上互联网的悟空找房、易居、好屋中国等，都或从线上到线下，或从线下到线上，开始了线上线下一体化运营的进化之路。而这，也是房产经纪"产业互联网化"的唯一正解。

3 房产经纪行业的业务链重构与策略升级：提升效率 + 共享经济

结构化思维下的房产经纪 O2O 平台

由于房产经纪是一个全国性的市场，所以无论哪一种形态的房产经纪 O2O 平台，都存在总部、区域、门店、经纪人四个层级。用前文讲解过的"结构化思维"的金字塔理论来梳理，这四个层级及其对应的职能分工，就形成了图 4-2 所示的金字塔结构。

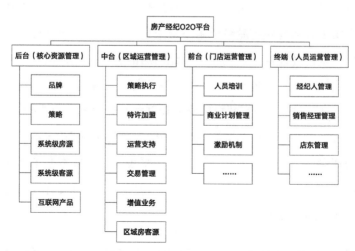

图 4-2 用结构化思维中的"金字塔理论"来解析房产经纪 O2O 平台

首先要说明的是，这个结构并不适用于所有的房产经纪 O2O 平台，尤其是全直营模式下的房产经纪公司。这里的结构，更倾向于建构一种"共享经济"的生态协作，比如 21 世纪不动产中国的"M+"公盘模式。这种生态协作总体上是一种进化后的特许加盟模式，它可以包容直营、联营、特许加盟等多种形态的门店，基于房源共享和佣金分配的原则，类直营但每个门店又都属于各自的店东，类加盟但总部和区域又有强管控。不妨来看看，这种更产业互联网化的结构中，后台、中台、前台和终端各自是怎样的一种分工、规则与平衡。

后台，也就是总部，是管控核心资源和制定规则的。依靠资源建立运营规则，进而通过运营规则实现管控。这种管控，不是直营模式下的行政管控而是共享经济模式下的规则引导。根据这个思路，后台自然应该掌握房产经纪业务流当中最重要的两端：房源与客源，但又仅仅是系统级的房源和客源——日常的经纪人发端口获客，以及开流通盘，依然是门店去做。什么是系统级的房源和客源呢？比如，通过总部的互联网市场团队，通过互联网渠道采买的流量转化而来的客源，就是系统级客源；而通过用户在网站自行上传的房源发布，亦或是总部的客服团队电销得出的流通盘源，这些则都是系统级房源。除了系统级的房源和客源，后台还必须掌握所有的互联网产品。这些产品用于经纪人和店东的日常作业，但同时更是总部的运营规则落地、核心资源分配的唯一出口和载体。至于品牌，毋庸置疑，也是总部手握的重要杀器之一—— 一个美誉度高的大品牌对于房产经纪行业，无异于让门店拥有了提升佣金的能力。

而中台就是区域，在房产经纪行业，一般区域的单位是城市。中台需要强有力的执行总部的策略和运营规则，所以区域一般和总部之间是紧密的，甚至存在股权层面的合作关系。而整套核心策略的落地，既然不能像纯直营体系那样靠行政命令，就更需要一系列的机制、规则和流程来维护。比如，特许加盟，不仅仅是一个增加加盟店数量的工作，更重要的目的是在同一商圈内加盟店数，既达到加盟门店基于区域公盘的协作，又达到门店之间的互相监督，还有足够的底气将不遵守规则的门店淘汰。换言之，传统的特许加盟是讲求数量，而"共享经济"模式下的特许加盟，则是讲求在目标商圈内的门店加盟。通过门店数量在目标商圈的优势，以及公盘策略的落地，才能最终形成报盘率和市占率的上升。

既然有了加盟门店，区域自然就还要负责常规的运营支持，比如业务的初始化培训，人员的招聘支持，IT 系统的安装及培训，乃至装修风格、人员服装、制式物品等各种细节的标准化和督导。在这之后，二手房交易的交易管理，也将由区域负责统一操作。一方面，由于网签、贷款、审税、过户、按揭等交易管理环节专业度较高，每个门店自行配备人力的成本和难度都较大；另一方面，交易管理的环节掌握在区域手中，就更容易实现商业闭环，让特许加盟模式下的统收统付成为可能，避免不守规矩的门店逃单。同时，交易管理的统一化操作，还为未来各项增值业务的开展，提供了统一的线下入口。增值业务，说的是房产经纪公司在给客户提供二手房交易相关服务之外，还可以提供与二手房交易紧密相关的其他商业服务，供客户选择，比如金融服务（房屋抵押贷款、按揭等）、一二手联动（售卖一手房）、海外置业服务（购买海外房产）、装修服务，等等。

至于前台和终端，由于在特许加盟模式下，每个门店的店东都是老板，他们更需要激励和辅导，而非业务经营层面的强管控。所以，辅导前台制定商业计划、培训员工、按总部和区域要求执行商圈打法，是门店管理和人员管理的重点。

上述的金字塔结构解读中，出现了不少房产经纪行业的独有概念或名词，最初接触，可能有一些费解。那么，下文便会聚焦在"后台"，也就是总部的"核心资源运营"方面，按结构化思维的方法论，将每个业务动作最小颗粒度切片，逐一进行解析。不过在这之前，需要补充说明一点，本章之所以选择更偏特许加盟模式的房产经纪模型，而非全直营模式的房产经纪模型，并非扬此薄彼。以链家之重，它依然会在三线以下城市选择轻加盟、轻覆盖；以 21 世纪不动产之轻，它也依然会选择"M+"的公盘模式进行重加盟的再造，在一线、二线城市用直营、联营的方式铺设奠基店。直营体系也会用加盟，加盟体系也会用直营。没有绝对正确的方法论，只有相对合理的个性化企业战略。然而,共享经济的生态协作,的确是更符合产业互联网精神的一种形态，这也是本章更多选择这种形态的协作模式作为案例的原因。

品牌与策略：独角兽还是共享经济

房产经纪是一个很有意思的行业。很多店东，都是热爱这个事业、热衷于服务自己所在的小区和楼盘，甚至想把自己这份事业、这个门店一直传承下去给自己的后人——这真的是一个一生一世的事业，而不是一个简单的生意。过去十几年来，中国的宏观经济调控了很多次，每次下行的时候，不少房产经纪的店东，宁愿卖掉自己的住房和汽车，也要坚持保住这份事业。一个房产经纪行业的发展史，包含了数不胜数的家庭故事和励志传奇。

然而当中国的房产经纪行业即将迈入 10 万亿元 GMV 的大关，即将成为零售业之后的第二大产业之时，独角兽、资本大鳄都纷纷聚焦于此，创业梦想受到了很大的挑战和诱惑。以链家为例，他并购了德祐、伊诚、满堂红和中联等区域性领头羊，在进军一个新城市的时候，往往对中小房产经纪公司带来了毁灭性的打击。甚至连房多多这样的纯线上互联网公司，也动辄在各种论坛上谈及中小中介必死、行业必然实现垄断的观点。在行业巨头、资本力量的冲击下，创业者是要廉价卖掉自己辛苦经营几十年的门店，还是在完全不匹配的竞争格局中苦苦支撑？

"共享经济"和产业互联网，为房产经纪行业的创业者带来了新的转机。以 21 世纪不动产为例，这个全球最大的房地产特许经营机构的中国公司，在 2016 年率先提出了以"共享经济"为核心理念的"M+"模式。所谓"M+"模式，是指以 MLS（multiple listing services）即房源公盘系统为基础，嫁接品牌、互联网产品、客源、运营支持及增值业务，对加盟门店输出类直营的核心资源及运营规则的新一代房产经纪加盟模式。"M+"模式旨在以"开放性房源公盘模式"打破资源壁垒，为中小加盟商与经纪人提供创业平台，引领行业向客户服务驱动模式转型，以提升行业整体的交易效率。这个模式最大的突破点之一，就在于"盘源共享"。

房产经纪依然是一个"供给侧"问题的市场，行业领先的房产经纪企业的新增优质盘源数和新增客源数为 1∶3。优质盘源显然是最核心的资源。对于中小房产经纪公司来说，由于品牌、人力、资源、资金等方面的不足，盘源极度匮乏是其与大品牌无法平等竞争的根源问题。而传统的特许加盟模式，只是品牌授权加上常规运营支持，未涉足核心资源领域，也无法帮助中小经纪公司解决资源匮乏的问题。"M+"的诞生，让所有 21 世纪不动产的直营店和加盟店，可以共享一个城市的大公盘，也就是在售流通房源的开放共享。所有参与这个规则的经纪人，无论是房源开发方，还是客源开发方，都有机会获得分佣。这样的规则，激励了原本松散、独立的房产经纪公司，为了一个共同的秩序、资源池去贡献资源和获取资源，而谁先占坑，谁就有机会获得分佣。于是，即使面对强大的行业垄断者的竞争格局，独立创业者也不再会因为垄断而死亡；相反，所有创业者的联盟，形成了行业内最大的公盘之一。

无序竞争和共享经济之间，其实只是一纸之隔，这层纸，就是一套能有执行力的规则和秩序。在 21 世纪不动产的"M+"新模式之中，一套全新的房源管理规则、共享规则以及佣金分配规则，对应着一整套完善的互联网工具——基于 PC 端的经纪人作业平台（SIS PLUS）、人事佣金系统交易管理系统以及对应着上述两者的经纪人移动端作业平台（APP）。新的场景是怎样的呢？只要在一个商圈范围内，任何一个经纪人一旦开通了一个流通盘，其他经纪人也立即可以看到这个流通盘的开通信息以及业主信息，大家紧跟着的动作就不会是继续"开盘"，而是"深度跟进"。而在以往，如果一个商圈有 5 家门店，但大家都是本地化、封闭式的作业模式，任何一个经纪人开通了一套流通盘，其他 4 家门店还会一无所知地继续去开这个盘，进而给业主带来了无尽的骚扰。再比如，一个经纪人关注了一套房源，他正准备去给业主打电话，沟通是否可以去拍房屋的实景照片的事情，这个时候，他的 APP 收到一条推送消息，告知他已经有隔壁门店的经纪人完成了该套房源的实勘。这个时候，首先，该经纪人不会再去重复打扰业主了；其次，他该后悔自己怎么不早一点行动，因为这样，以后房子成交时自己就可以分享实勘的佣金了。凡此种种，都是在建构一种引导而非强制性的、有序的、提升效率的规则和秩序。

此外，21 世纪不动产的"M+"模式还为加盟门店提供了可以和行业一线公司水平相当的互联网作业平台——PC 端的（经济人作业平台）、人事佣金系统、交易管理系统、一键发房工具、BI（商业智能）数据分析系统、培训系统以及 APP 端的经纪人移动作业工具，以及全网全渠道的线上引流能力。房源、客源、互联网产品三大资源使中小公司和巨头垄断公司站在同一起跑线，后程的比拼就变成了"服务"能力的比拼，而不是资源上的碾压。而又由于就"服务"而言，中小经纪公司开的门店都是自己的生意、自己的店，其积极性、能动性显而易见是高于职业经理人的。在"共享经济"的互联网进化中，未来究竟是大鱼吃小鱼，还是小鱼联合起来吃大鱼，依然未可知晓。

图 4-3 垄断者大鱼吃小鱼，还是共享经济后小鱼吃大鱼？

至于"M+"模式的倡导和发起者，21 世纪不动产中国也华丽地从轻加盟模式转型为重加盟模式，从早前的品牌授权转型成如今的"品牌+资源输出"，如图 4-4 所示。这种生态共赢的产业互联网进化，是直营寡头难以复制的，因为直营模式的成本结构无法有效覆盖分散市场，而特许加盟模式在相对分散长尾市场可以发挥"多点开花，快速复制"的竞争优势，吸引中小中介共同建立紧密联盟和共生平台。这也是继"滴滴出行"之后，在房产领域的又一个"共享经济"生态协作的生动案例。

图 4-4 21 世纪不动产"M+"模式进化前后对比

房源共享：基于"真房源"和"共享经济"的房源策略

在明确了"共享经济"模式下，房产经纪公司之间该如何协作共赢之后，不妨把对房产经纪影响最大的房源、客源、互联网产品三大模块单独拿出来，做业务动作的解读和思考。以下基本都是以 21 世纪不动产中国的"M+"模式为样本，进行的策略解读。

说到房源，不得不首先说一下"真房源"。既然有"真房源"的概念，也就意味有"假房源"。那么，假房源从何而来，又为何屡禁不止呢？其实，假房源的根源就在于第三方房产经纪网络平台，比如58同城、赶集网、安居客、搜房网等，以开放端口的形式，向全行业的经纪人开放上行通道，由经纪人以类似发帖的形式，将房屋的基础信息、售卖价格等发布出来，供用户浏览和联络。而第三方网络平台，由于无法对"帖子"的信息进行真伪核实，也没有办法直接和房产经纪公司形成系统级房源信息对接，所以，就无法杜绝经纪人发放"假房源"的行为。而经纪人为了吸引客户眼球，发布远低于市场价格的房源信息，乃至发布根本不存在的房源信息，已经成为房产经纪行业被诟病的根源问题之一。

而"真房源"，至少应该包含"三个真实"，即真实存在、真实在售、真实价格。真实存在是指房源真实存在，不是虚构或虚拟房源；真实在售是指房源均经业主委托，准备出售；真实价格是指以房屋业主委托报价作为房源信息发布价格的基准，经纪人就同一套房屋发布的价格，上下浮动不得超过业主委托报价的5%。而更完整的"真实"，则还可以包括真实图片和真实描述。真实图片是指房源户型图、室内图、小区图等相关图片均为该房源实际所拍图片；真实描述则是指房源详细描述楼层、学区、营业税、个税描述真实。

"真房源"的实施，可以让房产经纪行业从不良竞争进化到比拼服务质量的良性成长，让找房人提高效率，让业主权益得到保障，让经纪人得到客户信赖，更让经纪公司树立品牌形象。而"真房源"的彻底实施，很大程度上需要依托在企业级平台上，而非行业级第三方网站上。因为只有企业级平台，才可以直通企业内部的信息化数据库，从而直接将真房源系统化地输出到前台，完全杜绝了让经纪人再次加工、再次发布的可能性。而这个动作的进化，则是包括链家、21 世纪不动产在内的品牌型房产经纪公司给全行业带来的贡献。

"真房源"的落地的前提，是"楼盘字典"。所谓"楼盘字典"，就是把所有的小区楼盘做成标准化的信息，像字典一样的标准化，包括的内容有名称、地址、建筑面积、占地面积、开发商、周边配套等。链家在新闻里透露，他们用了 9 年时间，在全国近 30 个城市里，"数"完了近 6000 万套楼盘，做成了链家体系内的楼盘字典。然而，楼盘字典在当下的中国，在每个不同的房产经纪公司内部，是私有化的，并不像美国那样成为一个完全开放性的 MLS（房源公盘系统）。而 21 世纪不动产建立"公盘"模式的共享经济协作机制，第一步就是需要统一楼盘字典。否则，A 门店把一个小区记录为建筑用名，B 门店把一个小区记录为实际常用称谓，在双边合作销售了一个二手房之后，分佣都无法操作，因为在系统里都无法把这些业务动作记录在一个楼盘上。因此，楼盘字典的标准化，是公盘模式的前置条件。

楼盘字典，又可以细分为楼、房、业主三个层次。其中，楼和房是固定信息、基础信息，是不会变化的；而业主信息则是流动信息，随着房产交易而不断可以更换的。楼盘字典需要锁定的，是楼和房的基础信息，进而让经纪人去经营"业主"这个流动信息。

那么，楼、房、业主这三个不同层次的信息，该分别由谁完成录入和审核，该由空中（互联网）还是线下完成？随着业务动作切片的细化，问题也逐步从信息层深入到运营规则层。

首先看"楼"。一个商圈有哪些楼盘，这些基础的信息是可以比较容易地从专业的垂直网站上获取的。总部的互联网团队和运营团队，可以比较轻松地完成基础楼盘信息的抓取、审核、排重和入库工作。这个动作是总部的、线上的。之后，该商圈里的门店，会根据实际作业的需要以及当地的具体情况，对这个基础的楼盘信息进行修正和补充，而区域则负责审核通过。这个动作则是门店和区域的、是线下的。而且，这两个动作之间的顺序是不可逆的，只可后者覆盖前者，而不可前者覆盖后者。因为，各种垂直媒体的楼盘库，也是会定期更新迭代的。如果线上不断更新网络抓取的结果，而线下门店则根据业务习惯更新本地化的结果，A 覆盖 B、B 覆盖 A，门店会发现昨天录入修订的信息，过几天又被线上的系统再次修改了。这样的人机交互，是极其混乱的。所以，线上和总部在"楼"这一环节，只完成基础的信息建设，而后续所有的升级迭代，都交由门店和区域共建完成。其中门店负责实际操作，而区域负责审核通过。这样的多个层级的分工，以及线上线下的分工，是在业务动作最小化切片之后的策略梳理和标准化当中，逐步浮出水面的。

接着看"房"。房的锁定，则必须是区域、线下来完成。对于总部，不同城市楼盘里的细节信息无从企及；对于互联网，各种网络发布的信息不经实勘无从确认；对于门店，一个商圈里可能有多家门店，安排谁去锁定房是一个难题，而且也无法避免具体作业的门店经纪人胡乱填写的问题。所以，房的锁定，只有区域来人工完成，确保房号的唯一性和真实性。这也是链家的楼盘字典是"数出来"的"数"字的真谛。不同的楼，有些底商是复式的，有些顶层是复式的，有些忌讳 4、14 等楼层做了升层处理，有些就不曾处理，甚至同一种楼型但遇到特殊的单元，在某一种户型上就是缺失的。所以，每一栋楼，都需要人工去确认房号的存在。否则，楼盘字典就无法做到 100% 精确，进而也就为虚假房源提供了可乘之机。

最后一重，自然是业主信息，具体到房产经纪公司的业务动作，则可以用"业主维护覆盖率"来定义。而在如图 4-5 所示的房源的关键指标之中，在业主维护覆盖率这个指标之前，还有一个"店面占比"的关键指标。店面占比指的是在一个区域内，一家经纪公司的门店数量和区域内所有公司的门店总数之间的比率。要想拿到足够的业主信息，并达成足够高的业主维护覆盖率，门店数量以及经纪人数量是一个硬指标。达不到一定的临界点之上，后续的其他三个关键指标是无从谈起的。而一旦店面占比达标，经纪公司则可以进入业主维护覆盖率的工作流程。业主维护覆盖率，是指所选商圈或楼盘在一定时限内在系统中记录的被访问业主户量与该商圈或楼盘总户数之间的比率。业主维护覆盖，是达成"报盘率"的一个过程指标，也是完成房产信息撮合的重要过程指标。经纪人和业主的沟通频次、技巧，决定了经纪人是否能获得房源的准确信息、业主委托、钥匙乃至独家委托。而只有最大限度地将区域内的流通盘都发现并激活，才能提升业绩。这就引出了报盘率的概念。

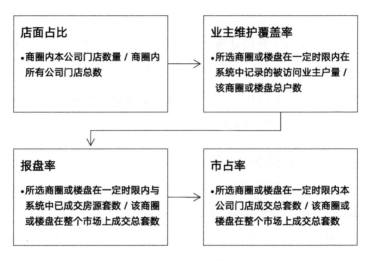

图 4-5 房源的关键指标

所谓报盘率，是指所选商圈或楼盘在一定时限内系统中已成交房源套数与该商圈或楼盘在整个市场上成交总套数之间的比率。通俗地说，就是一个月下来，你所在的商圈成交了 10 套二手房，这 10 套房子在你的系统里，只有 5 套被标示为"流通"状态，就证明还有 5 套流通的盘没有被你发现，这时你的报盘率是 50%。有些房产经纪公司用"缺失率"这个概念，"缺失率"是拿 100% 减去"报盘率"所得。

在 21 世纪不动产的特许加盟模式下，区域是无权重度干预到每个加盟门店的日常经营的，更无法按照直营店的楼长制模式去统筹计划、安排缜密的业主维护和流通盘源开发。而公盘模式下，很多加盟店都会有自己的私心——更愿意占别人的便宜，而不愿意自己付出。对于已经开发出来的流通盘，更多门店还是担心被其他门店走私单，更愿意等着其他门店把现成的商机发上来。当所有人都等着别人去贡献的时候，共享经济就无法启动。而要解决报盘率的问题，同样不是靠命令，而是靠运营规则。

比如，在一个区域内部署多家直营店或加盟店，在佣金分配规则的驱动下，形成"占坑"趋势的竞争；再比如，区域公司的商圈经理通过不同门店对应不同楼盘的工作分配实现督导跟进，甚至让 A 门店和 B 门店之间拿一部分盘源置换自己没有的另外一批盘源，以达到共赢。而置换的同时，双方的盘源都会共享到公盘的系统中。随着商圈的公盘逐渐有起色，以及越来越多的加盟店进驻商圈，最终能催成良性循环的共享经济协作。而上述的一切动作和策略的本源，又是尝试建立一种"资源驱动规则建立，规则驱动效率提升"的场景，用运营替代管理去引导"共享经济"的创业者们协作共赢。

客源分配：资源驱动规则建立，规则驱动效率提升

提到客源及客源分配，首先就需要解读一下，经纪人的作业动作当中，是如何获客的。

经纪人的客户获取，总体上可以归为两类：自己获客以及系统级客源分配。

经纪人自己获客，主要有两种渠道。第一种，自然访客，就是因为门店坐落在小区附近，有业主想买这个小区的房子，就有一定的概率走进门店，进而变成某个经纪人的客源。第二种，端口模式，就是经纪人通过在 58 系（包括 58 同城、赶集网和被 58 收购的安居客三大平台）、搜房网、新浪乐居等几大垂直媒体和分类信息网站上发布房源信息，获取用户拨打自己电话的机会，进而获客。端口模式是收费的，

这部分费用一般都是门店或经纪人自己承担，不属于区域或总部的财务范畴，但部分区域会定期整合各个门店的端口采购需求，进行集体采购，以降低成本。

除了经纪人自己获客之外的所有客源，均可视为"系统级客源"。按具体渠道分类，又可以分为：网络营销，电话营销，地面推广。其中，电话营销和地面推广，是区域来完成的；网络营销，则是总部来完成的。因为涉及电销和地推，需要很强的本地优势和信息，总部是无法大包大揽操作的。尤其是诸如经纪人离职带来的客户二次激活、小区内的户外广告投放等，更是只有区域才能操作。而网络营销，由于涉及和各大搜索引擎、信息流广告平台的框架签约、充值、专业团队投放、优化以及大量的互联网产品开发，所以只有集团总部才有这种优势和能力，如插图 014 所示。

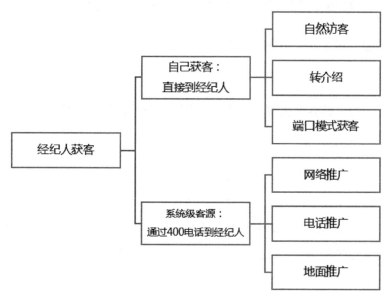

插图 014 经纪人获客的分类

所有的经纪人自行获客，都是客户直接找到经纪人，是私客。所有的系统级客源，无论是网络营销、电话营销还是地面广告，客户能拨打的都是区域的 400 客服号码转接到经纪人的，所以都是公客。系统级公客，是特许加盟模式中，最明显的"系统级资源"，它的分配规则，毋庸置疑会非常微妙地影响整个"共享经济"的规则的执行力。要想达到不靠管控，而靠运营来驱动业务，系统级客源的分配规则和秩序，无疑是最重要的砝码之一。

在正式论述系统级客源的相关内容之前，我们需要先澄清两个重要的观点。

第一点，做客源的工作，是不是就是获取流量？比如，流量从哪里来（渠道）？用户精准吗（质量）？什么产品来承接（产品）？投入产出比（ROI）如何？这里需要澄清的是，上述问题，是消费互联网时代做常规网页产品或 APP 产品的市场工作的核心，但却远远不是产业互联网时代的市场工作的全部。事实上，由于行业自身的特殊性以及门槛，在产业互联网的细分行业里，引流、市场推广仅仅是一个开始。就拿房产经纪来说，我们就可以再问出更多的问题。比如，着陆页上的列表中，真房源的信息足够吗（内容）？着陆页上的房源详情页，用户需要了解的信息都可以呈现出来吗（筛选）？商机分配规则合理吗（运营）？商机分配规则和当下的整体战略以及阶段性的策略匹配吗（协同）？可见，在产业互联网中，线上引流推广的工作外延，会结合行业自身的特点，被扩大了。更准确地说，是和运营工作之间的边界变得更加模糊了。

第二点，做房产经纪行业的系统级客源，网络投放能赚钱吗？不妨做一个有趣的数据对比。绝大部分人认为，围绕美女、游戏这些主题的各类诱惑性强、娱乐性强的泛娱乐内容，比如直播、页游等，一定是暴利式投产比回报。在对比数据之前，相信没有几个人会想象得出来，产业互联网类的产品的投入产出比，对比泛娱乐的产品的投入产出比，究竟是什么样子的。

就以上文提及的秀场直播和页游来举例，一般做这类泛娱乐产品市场投放的，都是专业团队，投放的渠道也是精心筛选、精细优化、且有乙方（媒体方）的深度优化配合，而在这种情况下，绝大多数的秀场直播的市场投放投入产出比，都在 1∶2 以下；而页游等游戏产品更差，除了极少数爆款，绝大部分页游在垂直媒体上的投产比低于 1∶1，甚至很多低于 1∶0.5。恰恰相反，产业互联网类产品的投入产出比，绝大部分远远高于泛娱乐。比如医疗、教育、房产等，很多投产比都在 1∶10 以上。可见，房子、健康、教育，这些产业互联网的主题才是真刚需。豪华的市场团队，辅以精美的页面设计，在刚需不足的时候，业务模式依然不成立。而如果刚需存在，哪怕在流量成本如此之高的今天，业务依然是妥妥地赚钱。

在澄清了上述两个带着前置条件性质的问题之后，我们进入"系统级客源"的正题。先来看一下，一个典型的客户从线上到线下最终再回到线上的全生命周期流程图。

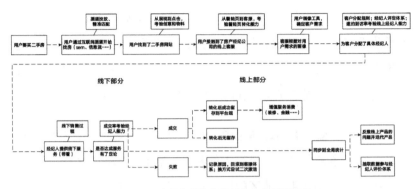

图 4-6　一个用户的房产经纪全生命周期轨迹

从图 4-6 中的描述不难看出，系统级客源要解决的四大问题分别是：拉新、转化、分配、运营。至于转化后的长尾留存，并不是本节的讨论范围，所以这里不再赘述。而围绕"拉新、转化、分配、运营"这个四个核心动作的，则是点击率、网电转化率、到访率、成交率四个关键数据指标。这四个关键数据指标，形成了一个典型的用户衰减漏斗。也就是说，整个房产经纪的系统级客源及分配规则，全部都在这个"用户漏斗"里面，如图 4-7 所示。

图 4-7　用户漏斗

首先来看"点击率"。点击率，是指点击进入着陆页的用户量与点击出现在渠道上的文字或图片素材的点击量之间的比率。在整个Sem（搜索引擎营销）和信息流广告市场上，2% ～ 4% 的点击率是一个行业平均水平。点击率首先，考察的是市场部在 Sem 类竞价渠道的广告创意、信息流广告类渠道的图片吸引力等方面的创意能力和素材物料制作能力，但在房产经纪行业，点击率还有另外两个更重要的问题。

第一，信息流类的媒体渠道，虽然可以按照地理位置来设定投放范围，但二手房买卖有一个很大的特性，就是地域需求的飘忽性。比如，我要给北京的月坛地区的门店增加线上流量来源，就在多家信息流广告媒体上设定月坛为目标区域。但想买月坛地区房子的人，未必就是月坛地区的人，而可能是全北京的人。而如果按照全北京来投放，则会遇到更大的问题。因为，普通的房产经纪公司，根本不可能覆盖全北京这么大的范围；而企业级推广，又不可能按照传统的端口模式，让经纪人有机会乱发布虚假房源，一般都是从后台直接打通获取的系统级真房源。这也就意味着，如果全城市推广，很多交叉搜索的结果很可能为空、或者房源极少。无论是按特定区域投放，还是全局投放，信息流等非竞价的广告渠道，都面临 ROI（投资回报率）可能不高的难题。而如果只投放 Sem 类渠道，流量规模又有明显的天花板，进而达不到商圈突破冷启动需要的系统级客源的数量。

这类难题，在房产经纪公司在一个城市的总体市场占有率不够高的情况下，是不可避免的。只有随着水涨船高，房源、客源相互推动，才能逐步缓解，ROI 也才能逐步攀升。

第二，点击进来之后，用户可以看到哪些信息？这是一个很微妙的课题，因为它涉及了"后台功能前台化"这个产业互联网的公共命题。传统意义上的互联网引流，只有"着陆页"——一个类似业务简介的页面，目的就是引发用户拨打电话，或用户留下自己手机号码。而实际上，在业务后台，有大量的业务动作数据，其实对前端用户的判断、选择、信任等都会产生明显作用。以房产经纪为例，哪个经纪人最新带看？经纪人评价体系中该经纪人评分如何？该小区金牌经纪人是谁？该房业主历史报价、调价过几次？该小区近期平均房价多少？成交过哪些套？价格如何？等。而这些后台信息，在传统模式中，只是企业内部管控的参照，绝大部分并不对外开放给用户。用户唯一能看到的，就是开盘人的电话；唯一能做的动作，就是联络开盘人，并转入线下沟通。

经过产业互联网的进化之后，线上的着陆页，逐步开放了和用户有关的后台数据和信息——后台功能"前端化"成为了转化率增强的手段，但同时也带来了更多微妙的运营思考。以链家网在 2016 年 11 月的一次网站改版为例，我们来研究一下其中的奥妙。2016 年 11 月之前，链家网上，几乎全部后台真房源，以及和用户相关的重要数据，前端都可见。而 2016 年 11 月开始，一些重要数据悄然消失在前台，比如，在售房源历史挂牌价格、历史成交数据、部分房源、房源描述的干货信息等，而前端页面，仅保留有近期带看这一项后台数据，如图 4-8 和图 4-9 所示。这个改动，岂不是对产业互联网"后台功能前台化""优化前端用户体验"的一次倒退？但如果站在链家的角度上分析，却不尽然。房源全展现，变成竞争对手抓取的对象，尤其是定向挖掘盘源的对象；房源干货描述，变成竞争对手定向挖掘盘源的信息来源，甚至照片上带有窗外的实景，都能让对手顺藤摸瓜地猜测出是哪一套房屋在售。在售房源历史价格的披露，很可能对成交造成了障碍和歧义——业主刚刚调价，我干吗吃这个眼前亏？历史成交数据，同样可能对成交造成了障碍——房价近期动荡这么大，我该这个时候冒险吗？"后台功能前端化"固然对用户端而言是重塑消费体验的重要举措，但对交易撮合而言，未必是加分项。所以，什么信息可以显示，什么信息应该隐藏，是一门很微妙的学问。

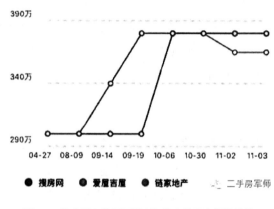

图 4-8 链家网上曾经可以查询业主的历史报价详情

看房记录

带看时间	带看经纪人	本房总带看	咨询电话	近7天带看次数
2016-11-26	王芳法	2次	4008671076转2560	**9**
2016-11-25	曾燕维	1次	4008959715转0887	·总带看19次·
2016-11-24	兰迪	3次	4008959729转8708	

图 4-9 链家网现在只有最新带看等少量信息

接下来，我们来看"网电转化率"。所谓"网电转化率"，指的是通过登录页拨打经纪人电话的用户数与进入登录页用户总数之间的比率。在诸如医疗、教育、装修等其他行业，网电转化率是分为两个动作的。首先，是用户触发 IM 的在线聊天，和客服人员沟通，有可能留下自己的电话；第二步，才是电销人员主动打电话过去，邀约客户上门。而在房产经纪行业，这个动作被简化为了一步——直接是客户看见房源详情页上的经纪人联系电话，进而主动拨打寻求帮助。而这个用户拨打经纪人电话询问信息的动作，又至少需要再向下挖掘出三个关键问题。

第一个问题，商机该按什么规则分配？这个运营规则，又如何和区域当前的业务策略有所呼应呢？显然，这个是所有问题中的最核心的问题。因为资源驱动规则建立，而规则驱动效率提升。在常态来说，一定是"效率优先"，也就是把精准商机优先分配给最熟悉这个小区、在这个小区服务最好的经纪人，也就是该小区的金牌经纪人，这样成交的概率是最大的。所以，就需要一套完整的经纪人评价体系，来评价出每个小区的金牌经纪人、银牌经纪人等。这套经纪人评价体系，应该综合有业绩、客户评价、成交效率乃至工龄等多个关键指标，配以不同权重。而不同时期，随着区域的运营难点不同，系统级公客的商机分配规则，更应该是个性化定制的。比如，最常见的问题，就是商圈内报盘率不足，各加盟门店的经纪人都不愿意把自己的流通盘报到系统中来。这个时候，把系统级公客推送给"开盘人"，就是一种极佳的刺激经纪人发布流通盘的运营策略。

第二个问题，商机分配后如何保证服务效果和成交效果？这里就牵扯出客服的角色。显然，在互联网的思维中，一切尽可能都是系统来解决的，而不是人工。然而，对于服务业，系统却解决不了所有的问题。系统可以按运营规则分配商机，系统也可以呈现经纪人接到商机后的录入、带看、成交等数据，并将几者结合起来形成投入产出比的分析报告。但是，经纪人要是不录入后续的跟进带看信息呢？系统甚至都无法判断这个客户是否到店、是否有过线下接触。所以，客服的运营作用，对于服务质量的保证，对于经纪人作业标准化的监测，都是至关重要的。对经纪人后续作业动作的系统检查，对客户的回访，一旦发现经纪人的服务不达标或作业动作不标准，客服就可以再次分配其他经纪人进行二次服务。而这个过程，就出现了需求的一对多分发，以及经纪人之间的竞争关系。这种多角色的监控和商机分配规则，则更容易让房产经纪回归到服务的竞争和服务的本质当中去。

第三个问题，对于需要二次分配的商机，又该按照什么规则操作？如上文所述，一些在规定时间内无录入、无跟进、无带看的商机，客服有权进行二次分配；但实际业务场景当中，远不止这些商机需要二次分配。比如经纪人离职带来的客源释放，比如客户拨打了总机号、却没有拨打分机号码就挂机了，再比如客户通过在线聊天工具预留了自己的手机号码，等等。这些商机，如果没有产业互联网的思维理念和行动策略，要么被随意忽略，要么被随意分配给熟人。然而，假如一个城市一个月有 100 条这样的准客户商机有待二次分配，而这个分配规则通过一个互联网化的"引擎"、按照某个配置好的规则进行，其效率提升的结果是巨大的。比如，一个商机进入二次分配的"蓄水池"、且该客户明确了购买意向，那么这个客户究竟是分配给这个商圈里的A门店、还是B门店，是分配给A门店里的A1经纪人、还是A2经纪人，这背后的排序规则本身就是一种驱动力。而一旦这种驱动力被用于协同公司的战略，就会对战略的落地执行产生至关重要的影响。举例来说，我们如果把一个门店或一个经纪人贡献的公盘数量以及成交业绩，作为排序的首选项，那么，这个商机二次分配的"引擎"，就在通过资源驱动的方式，引导门店多共享房源、多主动真实的上报业绩，而不是私藏房源或者逃单。因为只要这样做了，这家门店或者这个经纪人，就有更高的优先权获得下一次的商机分配。而这种依靠资源驱动规则建立、依靠规则协同战略落地，正是产业互联网提升效率的最佳实践样本。

最后，再来看"到访率"和"成交率"。相信绝大部分的房产经纪公司，是没有"到访率"的统计的，只有从电话号码量到成交量的这个比率，这显然是粗放的，尤其是在产业互联网的语境之下。客服把商机通过系统分配给一个经纪人之后，如果这个客户没有到访，客服一定是需要回访，乃至重新分配经纪人的。客户是否到访，既需要经纪人写入系统，又需要客服再次确认，并做交叉核验。而最后的"成交率"，则是仅次于业绩的、决定经纪人评价体系的第二重要的元素。因为商业环境里，一定是效率优先，也就是把商机留给转化能力最强的经纪人；而评判转化能力的首要指标，就是成交率。一个经纪人一年做了 2 单别墅，但推给他的另外 10 单都没有撮合成功，哪怕他的业绩排名第一，仍然不会是经纪人评价体系当中的第一名。

整个系统级客源的"用户漏斗"、四大关键指标，就如同系统级房源的四大关键指标一样，一方面决定了业务的结构性框架，另一方面又可以不断切片、不断深化去落地每个环节需要的标准化策略。这样，足够体量的市场投放预算，一定会驱动起一套强执行力和高配合度的运营规则。而这套规则，终极目标就是提升效率——商机的分配效率、经纪人的作业效率以及客户的成交效率。

互联网产品：承载房客源运营规则的多屏互动作业平台

无论是经纪人、经理、店东，还是区域管理者、总部管理者，也无论是房源、客源、交易管理亦或是增值业务，在产业互联网的时代，纷繁复杂的业务动作和业务管理，都将依赖互联网的产品来承载。而又由于移动互联网的普及，以及经纪人作业的流动性，多屏互动的作业方式也成为了一种必备。

上文详细讲解的房源、客源两大业务资源，就需要一整套的互联网产品来对应。图4-10把这些产品归纳为6大系统，阐释了如何通过6大系统之间的数据共享以及逻辑规则，来完成对业务的支撑和服务。

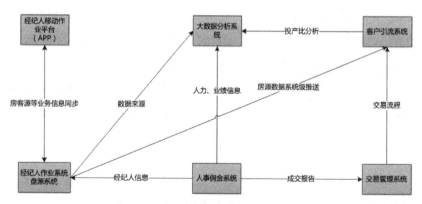

图 4-10 21 世纪不动产的互联网产品矩阵

而作为移动端的经纪人作业平台，移动端 APP 并不是一个 B2C

的给客户找房的工具，而是一个经纪人和管理人的工作工具，这正是产业互联网的特点。产业互联网以生产者为服务对象，以生产活动为应用场景，对应在房产经纪行业，自然它的首要的服务对象就是经纪人和管理人。而使用这个产品的目的，则是提高效率。

图 4-11　21 世纪不动产的"酷客部落"经纪人 APP 示意图

经纪人 APP，首先需要的是经纪人高频使用的移动作业工具，所以它必须具备和 PC 端完全同步的房源库，具有经纪人自媒体职能的微店，有个人房源一键发房、税费计算器等实用小工具，以及包括预约、带看、跟进、业绩提醒等在内的各种提醒功能。有了这些实用刚需的模块，这个 APP 就可以极大地提升经纪人的作业效率。以前经纪人实勘一套房子，要拍摄照片，回办公室找数据线传输，用 Photoshop 打上自己的名字、电话的水印，再登录 PC 端经纪人作业后台，完成上传；而现在，移动办公作业的场景下，一键拍照，一键发图，完成实勘。再比如，系统级公盘的信息从系统向下推送，所有在这个商圈内的经纪人都可以收到消息推送，谁先抢到谁有资格去实勘，这种情境化的策略，可以很好地辅助房源相关的运营策略的落地和执行。

其次，这个 APP 还需要是管理人的管理工具和 BI 工具，尤其是店东。如果说以前店东忙于各种事务，很难有时间登录到 PC 的后台去查看数据报表，那么在有了移动作业工具之后，数据报表以周报表、月报表的形式直接推送到他的手机上，点击即可实时查阅。而 LBS 的定位功能，则可以帮助他检查每个经纪人的日常作业范围和外出路径，极大地提高了管理的深度。甚至，他可以根据自己门店的业务需求，编辑关于开盘、跟进、获客、带看等关键指标的业绩目标，派发给他下属的经纪人，形成经纪人的作业任务，并实时通过系统上的数据来检查员工的完成情况。一个产业互联网化的作业工具，在其管理效率上的提升空间很大，远不止以上的这些举例。

最后，这个 APP 还是区域经营的重要管理入口。区域乃至总部的任何通告、政策等，都可以直达所有经纪人，而无须再通过店东转述，这在特许加盟体系中，是一个质的突破。APP 首页的部分导航入口，是后台可配置的，随着区域开始经营更多的增值业务，比如新房的一、二手联动业务，海外置业业务，金融业务，装修业务等，可以灵活地配置上去最新的入口，并链接到 H5（制作网页活动效果的技术集合）的页面上去。这样，店东和经纪人一方面收到全员推送的通知，了解到集团正式开启了新的增值业务；然后当他们回到首页，就可以看到新业务的入口，并顺畅地点击进入业务动作了。

行文至本章尾声，虽然本章浓墨重彩的部分集中在房源和客源等核心资源的讲解上，但从头到尾，无一处不在暗合产业互联网"提升效率"的主题。从运营策略到系统工具，从线下作业到线上移动办公，从资源分配效率的提升到个人工作效率的提升，从管理效率的提升到客户成交效率的提升，各种纷繁复杂的规则、秩序以及庞大的系统支撑，无不在为"效率"这个产业互联网的核心命题贡献力量（见图 4-12）。而效率提升，也并不是唯一目的。无论是技术手段的创新还是大数据的运用，提升效率、降低交易成本，最终都会让客户的决策更趋近于理性，从而达到完善用户体验的终极目的。

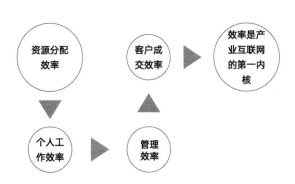

图 4-12　产业互联网，提升效率是王道

INDUSTRIAL
INTERNET
05

第 5 章

重塑消费体验：
职业教育行业的智能学习策略

重塑消费体验，和提升效率一样，是产业互联网核心的主题之一。这个主题，在职业教育行业的进化过程中体现得尤为典型。以恒企教育为代表的，围绕着"拉新、留存、转化"的用户成交漏斗，"职业规划、学习计划、预习、听课、练习、复习、考试、实操、就业"的 9 大智能学习动作，以及"素质学习、职场社交、定制化学习"等终身职业教育的后市场，一整套基于线上线下一体化运营、信息化管理的 O2O 教学、教务模式，实践了产业互联网典范级的方法论。

1 职业教育行业扫描：真正全市场化运作的教育行业

按照人群的发展阶段来划分教育行业，划分结果在中国和美国略有不同，如图 5-1 所示。在中国，0~5 岁是学前教育（学龄前）阶段，6~12 岁是基础教育（小学及初中九年义务教育）阶段，13~18 岁是中等教育（高中、职高、中专等）阶段，16 岁以上是职业教育（职高、技工学校及就业培训等）阶段，18 岁以上是高等教育（大专、本科及以上）阶段。而在美国，上述的五个阶段被缩减为四个，分别是 Pre-K 学前教育、K-12 教育（从幼儿园到高中）、大学预科（A-level）以及 Post-Secondary 教育（本科 2 年或 4 年、研究生 1 ~ 2 年，而就读职业学院所需时间更长）。而如果按照教育的目标划分，则所有教育都可以分为两大类——学历教育与非学历教育。学历教育包括任何提供学历证明的学校教育以及远程学历教育，而非学历教育则包括职业教育和兴趣教育。

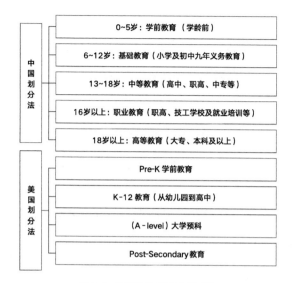

图 5-1 教育的分类及中美对比

职业教育，是指为使受教育者获得某种职业技能或职业知识，形成良好的职业道德，从而满足从事一定社会生产劳动的需要而开展的一种教育活动。它有三个要素：第一，它是以就业或提升职场竞争力为导向的，这是它的实际目标；第二，它是以获取技能、方法论和知识为目标的，这是它的实现方式；第三，它主要是通过自学、交流或培训完成，这是它的操作途径。从上文关于教育的分类中不难看出，职业教育从时间上说，是对中等教育之后毕业的学生，在没有能力直接进入社会工作之前，通过职业教育，获得上岗的技能——顺承着 K-12 的基础教育和中等教育，对接着社会化的企业用人需求。职业教育是所有教育分类中真正全市场化运作的垂直行业。

职业教育正在经历前所未有的行业风口。由于农村人口基数大（超过 7 亿人），涉及教育公平问题；而高等教育不断普及，就业群体越来越庞大（毕业生 4000 多万人），影响社会稳定和未来发展。基于上述原因，《中华人民共和国民办教育促进法》配套细则在 2016 年陆续出台，尤其是国家对民资办学的壁垒的缓步破除，正预示着新一轮教育的大洗牌已经开始。

职业教育又可以分为职业培训、技能培训和学历学位培训，其中，学历学位培训指的是为了获得学历学位而提前通过社会上的职业培训班做考前准备。图 5-2 是按照这样的分类，把这三大类型中的主要的科类代表和企业代表列举在了表格当中，供读者从总览的角度，更深刻地了解职业教育行业。

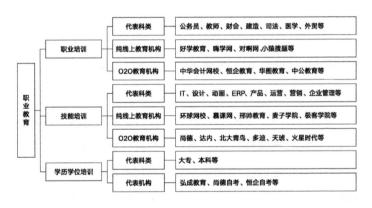

图 5-2　职业教育的分类及代表机构

2 职业教育机构进化的三种选择：次平台、纯线上、O2O

众所周知，在线教育的风口，几年前已存在，至今虽有降温，但仍是资本必争之地。作为一个万亿元级别的垂直市场，职业教育也自然成为了在线教育冲击的首要对象之一。与此同时，产业互联网的大潮，也已经开始席卷各个传统行业，而与互联网有着天然的基因关系的教育行业，更是有着强大的内驱力向产业互联网进化。而职业教育机构的进化，和房产经纪行业一样，同样有三种可选角色：次平台、纯线上以及 O2O。

职业教育的次平台，本质上是一个流量分发的平台，撮合教育机构、老师和学生，一般情况下自己不涉足教育本体，也就是它自己并不涉足教学。其典型的代表包括 BAT 相继推出的淘宝教育、百度传课和腾讯课堂，以及跟谁学、能力天空等第三方平台。

虽然在旅游、房产、装修等其他服务行业，次平台都有尚佳的表现，也涌现了各自的上市公司，但在职业教育乃至整个教育行业，却至今没有出现真正的成功者。究其原因，主平台旗下衍生出来的淘宝教育、百度传课和腾讯课堂，其母平台给予的流量导入明显不足，加上教育行业壁垒很高、纯互联网团队运营不专业，进而很容易成为鸡肋，有其名而无其实。而创业类型的次平台，则一直陷入商业模式和主打服务无法形成闭环的怪圈。如果主打流量分发，势必陷入流量买进卖出的差价已经无法支撑商业闭环的怪圈；如果主打技术 SaaS（软件即服务）服务，势必陷入众口难调的怪圈；如果主打 C2C 撮合，则又陷入收费困难的怪圈。与此同时，一个次平台同时要面对几百种的垂直科类，在没有线下基础和行业多年积淀的基础上，难以形成气候也就不难理解了。

虽然传统的职业教育机构转型成为行业级的第三方平台几乎没有

可能，但彻底颠覆自己的既有模式，从重资产的线下教学转型成纯互联网的线上教学，这是不少职业教育机构的最初设想。纯线上职业教育的代表机构包括小猿搜题、沪江网、邢帅教育、嗨学网、对啊网、慕课网、我赢职场等，如图 5-3 所示。然而，纯线上教育的平台，虽然可以靠免费以及互联网推广获得很大的用户规模，但盈利却十分困难。以小猿搜题为例，这个行业 DAU（日活跃用户数量）第一的在线教育 APP，年收入 2 亿元人民币，比它覆盖的单个科类的 O2O 教育机构的收入还低得多。但它的各类成本之和，却大于线下教育机构的成本。

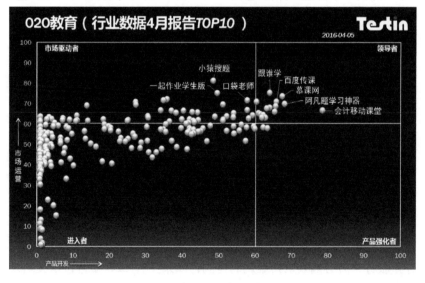

图 5-3 线上教育 APP 的行业数据象限图

究其原因，题库等工具类刚需虽然能吸附大量用户，但吸附的基本都是已经报班和学习中的学生，产生再次消费的转化能力很低，用户付费意愿不强，商业模式模糊。而线上找课程类的应用，由于过于依赖用户自发动作以及纯线上的信息传递，而没有 O2O 教育机构的客服、招生老师等环节，加上客单价低，所以大用户量并没有带来大的收入成交。一个简单的数字对比：一个年累计 10 万精准客户的 O2O 教育机构，年收入可超过 5 亿元；而日活在 100 万以上的教育 APP，年收入却很少有超过 5000 万元的。商业模式和切入点不同，直接导致盈利能力的不同。

纯在线的职业教育模式，靠免费工具或课程而获得大量的流量，却赚不到钱，商业模式一直无法闭环。收费的在线教育平台，因为无法解决就业端的问题，无法解决学生自驱力差而不持续上课问题，进而也就无法解决教学质量问题。更何况纯线上课程客单价极低，但平台运维的互联网类成本很高，这导致其毛利反而比线下教育更低。上述几者原因相叠加，就造成了纯在线教育虽然呼声高、估值高，然而迟迟不能盈利，也造成了资本市场的由热变冷。事实上，媒体报道的大量在线教育失败的案例，基本全部出自纯线上教育的平台或机构。

而 O2O 教育模式，也就是线上线下一体化运营的教育模式，逐渐成为了职业教育机构的首选转型方式。无论是新东方、好未来、华图，还是尚德、达内、恒企，这些职业教育业内最具代表性的集团公司、上市公司，无一不是兼备线上与线下能力的。尤其对职业教育来说，强调实操性，强调技能和经验，强调毕业后就要立即上岗，这些条件对于纯线上教学来说显然是很难完成的。线上负责引流和辅助的教学与服务，线下负责主要的教学交付、实训实操以及就业指导。未来的职业教育，O2O 模式是唯一的正解，纯线上的职业教育也将最终要走向 O2O。

纯在线教育和 O2O 教育在价格、场景、学习资源等方面都有不同，如图 5-4 所示。

对比点	纯在线教育	O2O 教育
价格	免费或低价（几百元～几千元）	高昂的学费（>1 万元）
场景	在线，随时随地	空间时间固定
学习资源	海量的学习资源；但课程相对零散，不成体系	单一性（某机构的内部资源），但有较强的系统性
互动性	与讲师、学员的互动少且弱	线下互动多
持续性	学员很难持续而完整地上课	交了学费，又有老师和同学监督，上完课
激励性	自我驱动	自我驱动＋他人影响＋老师鞭策

图 5-4 纯在线教育和 O2O 教育的比较

3 职业教育行业的业务链重构与策略升级：智能学习 ＋ 重塑消费体验

一个职业教育学员的全生命周期行为动线

传统的职业教育，从招生到教学到就业，全部通过线下校区完成。而纯线上的互联网教育，从引流到视频教学，则全部通过线上平台完成。那么，按照 O2O 线上线下一体化运营的思路，职业教育行业的业务链该如何重构？职业教育行业的标准化策略该如何升级呢？不妨先来看恒企教育 O2O 教学场景下的一个职业教育学员的"全生命周期"的行为动线图。

首先要说明一点，上述的行为动线，主角是"学员"。在职业教育的场景中，"学员""老师""教务"是三种不同的角色，每种角色，对应着自己完全不同的行为动线，也就对应着完全不同的业务动作。用结构化思维的方法去做业务动作的切片和细分，是要分角色进行的。比如，请假、线上补课、重学、预习、练习、提问、报考、成绩查询、投诉、建议、打赏、分享、简历推送、能力报告总结等，这些是学员的业务动作；排班、调班、调校、退学、退费、后续教育等则是教务老师的业务动作；而个人诊断解决方案、学习计划管理、辅导、薄弱知识点推送、评分、改稿、答疑、班组长管理、同学会、考前冲刺串讲、真题押卷、实战公开课等则是教学老师的业务动作。不区分角色，是没有办法把业务动作最小颗粒度地切片的，进而也就无从谈起标准化策略的输出。而本节，是以学员为角色主体，来梳理其业务动作和策略构成。

图 5-5 中的 12 个大的动作模块，可以粗略分成 3 大部分。第一部分是"成交前"，也就是"拉新""留存""转化"这三个动作。第二部分是"成交后"。这个部分又可以再细分为"学前""学中""学后"三个小单元。其中，学前的单元包括职业规划和学习计划；学中的单元包括预习、听课、练习、复习和考试；而学后的单元则包括实操和就业。第三部分是"毕业后"，这个部分包括"素质学习""职场社交""定制化学习"以及"跳槽加薪"、也就是"再就业"这样四个动作。以下，

我们就来详细解读一下上述三大部分的具体业务动作。

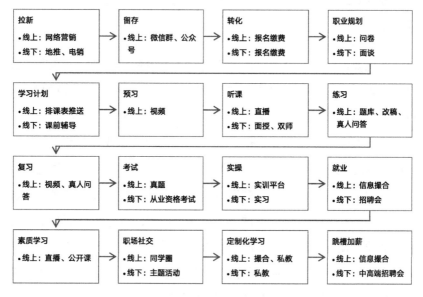

图 5-5 职业教育学员全生命周期动线

成交前：拉新、留存、转化

职业教育不同于房产经纪或装修，甚至不同于医疗，它的服务过程周期长，且用户需要深入了解后再决策是否购买，所以具备较强的"先留存、后转化"的可能性和必要性。同时，在转化成交后，其中也存在较高的概率深度引流到移动 APP 上进行长尾留存。从这个角度说，职业教育是互联网化属性很高的一个垂直行业。

虽然互联网引流貌似是消费互联网领域的动作，但在产业互联网上，"拉新、留存、转化"的含义却发生了一些定义层面的变化。在消费互联网领域，它所谓的"留存"，是指先通过海量规模的用户拉新，来到自己的网页或移动端产品上，免费使用各种服务，把引流的用户长期留存在自己的产品上，这个动作叫留存。留存之后，其中一小部分用户再通过广告等其他手段变现，这个过程叫转化。而在产业互联网领域，"留存"是指拉新的一部分精准用户，在未决定是否在此购买成交之前，需要有一个类似"用户池"一样的东西，在一定时期内承载用户的认知、了解需求，是给一批过渡时期的潜在准客户提供的信息通道。比如在职业教育行业，线上引流来的到校区洽谈的准学员，有一部分还在反复比较几个培训学校的优劣和价格，迟迟不能决定是否报名缴费。这个时候，如果有一个微信群，里面会每天推送干货的学习材料、公开课信息、正能量励志文章等，一方面学员很愿意加群，另一方面可以有很大概率完成临门一脚的最后决策。这个动作，我们称之为成交前的留存。

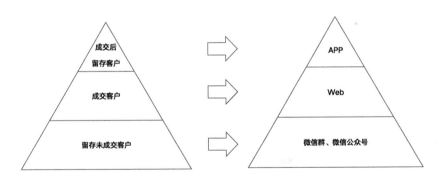

图 5-6 用户的金字塔和产品的金字塔

如图 5-6 所示，不难看出，微信群和微信公众号，是门槛最低、最容易沉淀"未成交准客户"的一种互联网产品。而成交后的留存客户，则是指缴费学员下载了官方 APP 进入学习之中的用户。这两个"留存"，规模可能差好多倍，但前者的目的是"临时性用户池"，而后者的目的是"长尾留存、增强体验"。可见，此留存非彼留存。而在微信群或公众号里，提供诸如知识百科、经验案例、情景教学、公开课等视音频及图文内容（见图5-7），是很容易让准客户感受到实用、励志以及高品质的服务，这样通过低门槛聚合精准用户就形成了一定的粉丝效应，再通过定期地推送唤醒用户，通过活动或内容引导用户通过公众号菜单进入微官网，就最终有机会把"粉丝"转换为"成交用户"。

图 5-7 微信群运营和微信公众号运营

而绝大部分的转化，还是从"拉新"直接到"转化"而来。这个动作，和前一章讲述房产经纪行业的系统级客源转化一样，可以切片为多个指标。不过职业教育行业，由于线上推广的着陆页，是以吸引用户主动留下自己的手机号码为获客手段，所以相比房产经纪，其颗粒度又再细化了一些。如图 5-8 所示，从拉新到转化，可以粗略切片为 5 个二级动作，分别是：点击率、网电转化率、邀约率、到访率、成交率。

与点击率相关的细化动作，还包括：展现量、点击数、点击率、消费、点击价等，这是消费互联网的一些基础能力。

网电转化率可分成两个大的单元。第一个单元是从点击到 IM 会话。这里可以细分出：总会话数和有效会话数。第二个单元是从会话到获取电话号码。这里则可以细分出：电话号码总量和单个电话号码获取成本。

后面的邀约率、到访率和成交率，是销售相关环节，需要线上客服和线下招生老师的配合才可完成。这里可以细分的动作包括：电话首次接通率、邀约数、到访数、报名数、报名金额、成交成本等，如图 5-9 所示。

图 5-8 用户漏斗

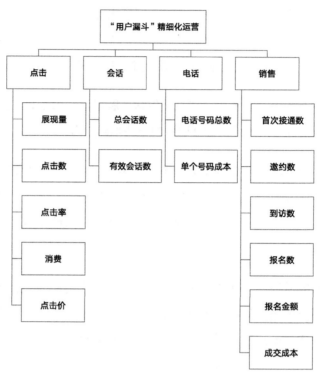

图 5-9 用户漏斗的精细化运营

有了这样的最小颗粒度的动作切片，无论是财务预算、投入产出比，都很容易测算出来。

比如，线上引流收入 = 电话号码总量 × 电话号码有效率 × 电话接通率 × 邀约率 × 到达率 × 成交率 × 客单价。

再比如，电话号码总量 = 网络推广的单次点击平均成本 × 点击次数 × 进入页面折损率 × 网电转换率。

不难看出，从点击率到网电转化率这一层的转化，是最关键的一步。这里的一个很重要的经验技巧，就是如何在一个多屏的着陆页中，按照用户的理解动线，把"浏览转会话"的机会埋入各个场景当中；因为获取用户手机号码最大的渠道，一定是 IM 的客服，只有通过人工交流，才有最大概率说服用户预留手机号码、接受电销人员的进一步沟通。如图 5-10 所示，以恒企教育的恒企会计专业为例，2016 年潜在用户最关心的依然是从业资格证的问题，所以，报考时间、报名入口、考试时间、考试形式、考试科目、考试题型、考前冲刺、一对一辅导、考试大纲、准考证、证书领取……围绕着这个最刚需的痛点，可以设计出很多让用户和客服发生会话的机会，从而增强着陆页转化会话、转化号码的能力。此外，免费试听报名、是否适合做会计的性格测试分析等，也都是网电高转化率的必备工具或策略。

图 5-10　恒企教育的着陆页样板

学前：职业规划

成交后的学员，其业务动作可以细分为"学前""学中""学后"三个小单元。其中，学前的单元包括职业规划和学习计划；学中的单元包括预习、听课、练习、复习和考试；而学后的单元则包括实操和就业。下文将选择其中最能说明线上线下一体化运营的必要性和智能化的模块，进行解读。

"学前"的第一个动作，就是职业规划，这恰恰也是纯线上教学极其缺乏的一个环节。职业教育，已经不是 K-12 的基础教育，不再是学堂上的理论，而是直接指向就业。而就业，也就意味着一个人从此进入了一个漫长的职场生涯。在选择自己究竟做哪个职业之前，如果连系统化的职业规划都没有，又如何能让学生坚持学完呢？这也是为什么，线上课程采用类电商的模式让用户购买、用点播和直播的形式在线授课完成，偶有一些用户冲动消费，也难以坚持学完，最终不了了之。至于考试通过率和最终的就业率，远远低于 O2O 乃至线下的职业培训机构。因为从一开始，他们就进入了具体的"术"的学习，而没有"道"的层面的学习。一个人，如果不坚定自己选择的职业是适合自己的、是有前途的，是很容易在遇到学习困难的时候动摇甚至放弃的。所以，在学前让一个学员完整地了解自己是否适合，以及学习后未来 5 年乃至 10 年的成长计划是怎样的，是至关重要的必备动作。

还以恒企教育的会计专业为例，这是职业教育行业中、智能化学

习以及线上线下一体化运营方面做得遥遥领先的上市企业。首先，学
员在报名之前，已经在线上通过一套系统的"会计职业性格测评题"，
智能化地判断出了自己是否适合做会计；如果不适合，就已经在大门
之外了。所以，进入大门的，都是从个人性格方面，相对比较适合这
个专业的。这个时候，需要介入一个重要的角色——职业规划师。

　　职业规划师有多个入口。在线上，IM（即时通讯）的聊天工具可
以拉起，APP 的首页也有入口；在线下，恒企教育在全国的 200 多个
校区都配备有招生老师，他们就承担着职业规划师的职能。职业规划
师，首先要判断，学员当前正处在哪个阶段。这就首先要标准化企业，
也就是用人单位，对会计类岗位的阶段化用人标准。量入为出，是职
业教育自始至终需要坚持的方法论。

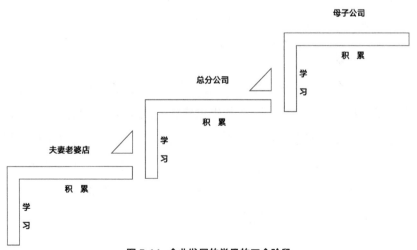

图 5-11　企业发展的常见的三个阶段

　　图 5-11 便是中国最常见的企业成长轨迹——从起步阶段的"夫
妻老婆店"、单体小店，到连锁经营后的总分公司，到最后拥有了资

本能力之后通过投资并购有了母子公司之分。而企业的不同阶段，正对应着会计类人员的全生命周期的职业成长轨迹。从能力上说，叫从"新人"到"高手"；从职位上说，叫从"出纳"到"CFO"；从业务上说，叫从"经营会计"到"管理会计"到"阿米巴"。而一个会计的阶梯式成长，一定是有一个从 0 到 1 的"学习"过程，也就是第一次的职业培训、考证、就业；之后，在岗位上进行技能和经验的积累。当他的能力已经积累到量变到质变的临界点，他一定不满足于继续在夫妻老婆店模式的企业里工作，于是，产生了第二次职业学习的动力。他需要学习如何做"总分公司"模式的账，甚至要针对性地去看究竟是学皮具行业的、学服装行业的还是学酒店行业的；学习完成后，二次就业，也就是跳槽加薪，如愿以偿地来到了一个总分公司的连锁经营企业，这之后又再次进入了漫长的经验和技能的积累。如此类推，第三次升级，就是再次学习、再次跳槽，来到一个有母子公司关系的集团公司，而他自己也具备了做"母子公司"账目的能力。

在这个会计人员的全生命周期图谱中，职业规划师要看当下这个学员是在哪个学习节点，要为他提供完整的职业成长方案。比如，如果他是零起步，就更适合从线下校区学习开始，辅以线上的问答、题库、实训、直播等系统，综合学习；而如果他是学过会计有从业基础的，那么他可能就可以直接进入线上的终身职业教育的体系，通过线上课程和辅导来提升技能，如插图 015 所示。

	参考薪资 ¥3000-3500	参考薪资 ¥3500-4000	参考薪资 ¥4000-5000	参考薪资 ¥5000-6000	参考薪资 ¥6000-15000	参考薪资 ¥10000-20000
课程 大纲	《认识企业，驾驭会计》《会计基础》《出纳高手》《EXCEL财务应用》	入门级课程+ 《商业会计实战（手工账）》《商业会计实战（电脑账）》《商业、酒店行业账实训》（赠送）	实务级课程+ 《10大税务软件实训》《工业会计实战》《工业、旅游、物流行业账实训》（赠送）	全能级课程+ 《实用财务管理》《企业管理报表实战演练》《房地产、建筑、外贸、装饰、广告行业实训》（赠送）	精英级课程+ 《代理记账企业真账实习》《跨部门财务协同》《酒店管理会计实战》《商业管理会计实战》《工业管理会计实战》《企业管理管家》（1个企业）《集团财务管控实战》	四大热门行业全财务解决方案：《跨部门财务协同（精讲）》《酒店企业全财务解决方案》《商场超市全财务解决方案》《电子工业全财务解决方案》《房地产企业全财务解决方案》 集团管理实战（网络版）：《集团财务管控实战（精讲）》 企业六大刹车安全系统：《企业财务设计与税务筹划》《全面预算管理》《企业风险与内部控制》《企业成本费用控制》《企业财务规范与审计》《企业ERP设计与实施》 财务共享中心：《核算体系与数据集中共享》《财务组织优化与资金集中管理》 企业资本运作：《企业投融资管理》《企业上市规范》
级别	入门级	实务级 (经验1-2级)	全能级 (经验1-3级)	精英级 (经验1-4级)	猎才计划 (经验1-7级)	中央财大研修班 (经验5-11级)
学习 时长	22次/1.5个月	43次/3个月	66次/5个月	78次/6个月	156次/4个月（全日制）	48次/1年（直播）
就业 方向	小型微型企业	类商业企业	类工业企业、工商一体化企业	一定规模企业、多行业企业	集团企业	集团企业、上市公司
胜任 岗位	出纳/仓管等	商业会计、电算会计、总账会计、往来会计	成本会计、税务会计、主办会计	多行业主办会计、财务主管等	会计、会计主管以上岗位	会计、会计主管以上岗位

插图 015　恒企教育的会计专业的职业成长路径

甚至，仅仅有性格测试、职业规划师的职业成长方案制定，还是不够的。之所以纯线上教育难以达到完美的教学效果，感染力弱、远程交付是一个很大的原因。因为学习，对于绝大部分的人来说，本质是一个"痛苦"的过程，某种程度来说是"反人性"的，这和游戏的快乐体验完全不同。所以，如果没有坚定的意志和勇气，无论对于学习的完整性还是学习的效果，都会有较大的影响。而心智层面的影响，线下明显比线上更有优势。再回到职业教育的受众，中专、职高、大专、最多三本的大学，都是相对学习成绩差的学生，这些人本身的学习能力和学习意志就偏弱，让他们仅仅靠线上的一个视频，就自发地完成独立学习、直至可以独立就业，是非常困难的。所以，职业教育的线下的开学典礼、新生训练营等精神层面"道"的层面的感染、洗礼，以及这种励志氛围下的师生、同学之间的现场感动，是对未来三四个月的学习过程有力的助推策略。

学前：学习计划

在完成"职业规划"后的下一个动作，仍然不是直接进入学习，而是要制定"学习计划"。

职业教育与 K-12 教育最大的不同，在于没有家长的参与，主导权完全在用户自己，也就是对"自我驱动"的素质要求很高。但由于职业教育的学生的心理素质普遍偏弱，如果没有系统的学习计划，学习效果就很难保证。所以，一套标准化、严谨的"学分制"，是解决学习计划的最佳方案。无论是学习会计、IT 还是设计，都会涉及很多不同的细分课程，比如会计领域的会计基础、财经法规、电算化、出纳、手工账、电脑账、税务实训等等，而设计方面则有 Photoshop 基础、设计基础、广告创意、Illustrator 基础等。给每一门课程的出勤、作业和考试，配比以不同的分值，然后设定分班型以及分阶段的学分达标要求；再配合上标准化的排课通知和推送，就可以让学生既明确上课计划，也明确达标目标，还可以根据学分获得不同的奖学金奖励。对应这个策略，线上的 APP 等产品，需要有排课推送、学分制、调课、补课、考勤、请假、调班、退学等一系列的功能，而线下则要从新生修炼营的精神激励开始，通过老师鞭策、集体学习的温度感、同学间比拼、高薪就业学员带来的刺激、学费按月还贷款的压力等一系列的策略，来最终让学生接受学习计划和严格执行学习计划。

而上述的工作涉及了区分纯线上教育和 O2O 教育的另一大关键要素——老师和学生的人数比。无论是传统的线下职业教育，还是

O2O 职业教育，一般老师和学生的最大人数配比是 1 ： 30，这基本是单个老师能力的最大辅导范围。人数再多的话，就会造成辅导效率和辅导效果的下降。而纯线上的职业教育，可以理解为 1 ：无穷大，因为直播和点播面对的人数可能是以万千计的。也因此，纯线上的职业教育，老师对学生的心态、心智、精神层面的辅导，几乎很少。另外一个方面，O2O 的职业学校，每个校区都会配备专门的就业指导老师，在当地帮助毕业学生解决就业问题；而纯线上的职业教育，由于没有校区和本地化的概念，自然也就无法在当地解决学生的就业问题。一旦学分制和就业推荐挂钩，以找工作为唯一刚需的职业教育，就可以对学习计划有强制性的执行力；反之，如果没有办法解决就业问题，纯线上教育就很难依靠学生的自觉性完成学业。而从从业资格证考试的结果来看，纯线上教学的学生的考试通过率，也大大低于 O2O 教育培养的学生。

最后一点，不同学生的基础不同、能力不同，其掌握知识点的情况也各不相同。于是，个性化辅导，也变成了智能学习的一部分。而这个，又恰恰是线下做不到的。因为线下无法系统化地采集每个学生的行为动作，无法通过大数据来分析共性规律，也没有产品载体来记录学生的学习过程。线上的平台，尤其是移动端的 APP 产品，很好地补充了线下教育的短板。由于可以采集用户所有的学习、问答、题库和阅读过程，系统熟知每个用户的问题，就可以根据个性化的信息，推送给用户个性化的学习解决方案。而线上的这些数据，很大一部分又来自线下教学、教务过程中的点滴记录，比如学生的考勤情况、迟到次数可以侧面反映他的惰性，缺课和请假情况则反馈出了他哪些知识点没有学到，等等。一旦线上和线下形成一体化的大数据和基于每个用户个人的学习档案，智能学习、个性化学习就不再是一个遥不可及的理想了，如图 5-12 所示。

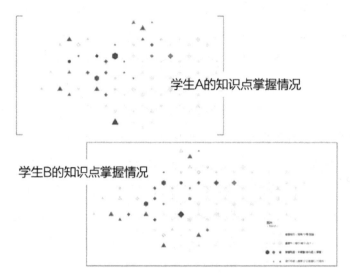

学生A的知识点掌握情况

学生B的知识点掌握情况

图 5-12　个性化学习的必要性

学中：预习、听课、练习、复习、考试

解读完了学前的"职业规划"和"学习计划"两个业务动作，接下来就是学习中的五个关键动作——预习、听课、练习、复习和考试。这也是全部职业教育的主体。所谓智能化的学习，就是指，一方面，这些动作全部都线上线下一体化了，既有线下的面授部分，也有线上的云课堂部分，无缝接合；另一方面，基于用户的完整数据画像，可以智能化地根据用户的薄弱环节，通过移动端的推送，适时地将学习的解决方案推送给用户。这个推送，和普通的第三方行业平台的推送，完全不同。第三方的行业平台，由于只有用户的阅读浏览记录，而没有更多线上线下的深度学习记录，所以只能推送诸如"猜你喜欢"这

类的内容关联信息，且无法在用户最需要的时候完成消息推送。而企业级的闭环生态中，由于从用户第一次接触线上客服的聊天开始，就有了用户的数据画像记录，学员的任何线上、线下动作都汇总到一个完整的用户数据中心中去，进而，通过这里的智能学习，发起的推送，就对用户而无比"贴心且准确"。比如，用户在线下学完某一个章节的知识点之后的第 8 天，收到 APP 端的一条推送，正是这个知识点的复习视频和练习作业，因为 8 天左右的周期，是最容易让人遗忘一个知识点。这在行业级平台上是完全无法做到的，因为根本采集不到学生的深度学习信息。再比如，学生在线完成了一套题库的考试，成绩出来后，根据错题的情况，系统会立即推送一套针对错题集中的知识的定向真题给到学生，而线下的辅导老师也会同时收到一条推送，告知他班级里的这个同学的哪些知识点没有学会，以便在后面的面授和辅导环节加强训练。甚至，学生全部的学习、考试、实训的"痕迹"和"结果"，会被系统整理成一份学习报告，在用人单位招聘时可以查看到。这一切的动作，被归纳为"智能学习"，它是一体化的、O2O 的，但也是只有企业级互联网产品才能做到的闭环。

图 5-13 在线教育的常见业务模块

图 5-13 显示了一个以功能为单位的在线教育的常见业务模块，将这些模块做拼贴、叠加、累积，进而形成 Web、H5、学员端 APP、老师端 APP，是很多教育机构的常见做法。但简单的堆积，不但解决不了智能学习的问题，反而让产品定位模糊。这到底是一个视频产品，还是题库产品，还是社交产品，还是招聘产品，还是问答产品，还是工具产品呢？大杂烩不但不会提升效率，反而会让产品的留存变得更差。

真正该做的，是在一个互联网产品之中，按照用户的行为动线和使用情景，将 O2O 的服务贯穿、编织进去，线上完成的部分在线交付，线下完成的部分线上工具化记录或提示，在每个用户的行为节点处提示下一个模块的进行。于是，上面的 16 宫格经过业务动线的穿插排布，就变成了图 5-14 的样子。

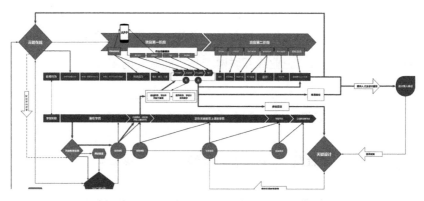

图 5-14 天琥教育的"云琥在线"线上平台的 O2O 教育逻辑

可见，只有"企业级学员全生命周期数据闭环"，加上"按用户学习行为动线的模块串联"，才能彻底解决行业级教育平台的大杂烩、

"假智能"的弊端。而解决这个问题，最关键的有两个要点。

第一个要点，是如何把 O2O 教学从无序变成有序。这个"序"，到底是什么？正确的答案是，"序"的依据，应该是这门学科的"知识树"。

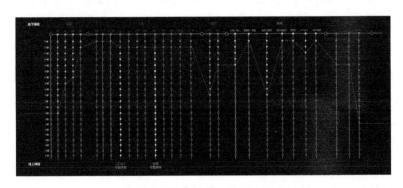

图 5-15　天琥教育的设计教育知识树

如图 5-15 所示，这是知名的设计类连锁培训教育机构——天琥教育的设计课程知识树。横轴的部分，包含了平面设计、网页设计、电商设计、UI 设计等课程，纵轴的部分，则包含了细分在每个课程下的二级课程的所有知识点，比如，"平综"（平面设计综合班）包含的是 PS、AI、CDR 等几种软件的教学，而"平高"（平面设计高级班）则包含的是诸如版式、印刷工艺、LOGO、VI、包装、海报、画册、单页、书籍装帧等设计专业层面的教学。网页设计包含的是 Dw 和 Flash 的软件课程，而 UI 设计则包含的是 Axure 的产品设计工具以及网页和移动端的 UI 设计课程，等等。

图 5-15 中，有颜色的圆点，表示线下面授班已经在这个垂直课程上覆盖的知识点，而整个虚线连接起来的面积，就是所有天琥教育已有的线下面授班覆盖的课程知识点。而对每个垂直课程而言，知识点

的排布又是逐步深入的，线下完成交付的都是从 0 到 1 的过程，更多更深入的知识点，也就是图中没有标示上颜色的圆点，则是线上平台的线上课程来承载。比如，Photoshop 课程，在线下的面授班，基本讲到了第 13 个知识点，能达到上手应用的水平了。但如果学生希望继续学习更多知识点和技巧，则可以继续在线上课堂学习后续其他知识点的视频课，可能是点播课，也可能是直播课。对于线下面授只讲授了比较浅层的知识的课程，比如 LOGO 设计、画册设计等，则线上课堂会开设独立的一门专题线上课程，用于给那些对这个领域有深度兴趣的学生学习。

这样体系完整的知识树，是"智慧学习"和定向推送的逻辑基础。因为任何一个在学习中的学员，他的技能、知识、水平，都可以被定格在这个知识树的某一个圆圈上，他已经学过的知识当中，薄弱和没有学会的部分，也都会被定义出来。这样，对于薄弱的部分，有配套加强的课程和练习；对于没有学习到的，有线下或线上的体系化的课程；对于学完一个垂直品类、又希望学另一个垂直品类的，也可以根据这些信息，越过重复或基础的共性课程，而直接进入新垂直品类的核心课程。反过来比较行业级的泛平台，由于它们涵盖所有职业教育的科类，也没有专业的教学研团队对某个科类的知识树以及教学编排做如此系统化的研究和标准化，所以，给学员推送的信息，绝大部分都是和这个学员学习过的课程差不多的同类其他课程。推送的课程，和已经学习的知识之间，没有办法形成上下的继承关系；甚至，都是两个不同的学校或体系编写的视频，根本没有办法形成体系化的学习。因此，对职业教育来说，不是课程越多、可选余地越大越好，因为这不是零售业、不是淘宝，相反，体系化和标准化程度越高，甚至教材就是 1

而不是 2，可能都会对学习质量、效果和考试通过率更有效。这正是企业级平台优于行业级平台的地方。

线上和线下课程，有教学逻辑的分布，不仅可以解决 O2O 教学的层次问题，还有基于空间和时间的另外两重价值。于空间而言，部分课程转为线上交付，可节省线下教室的使用时间，为小空间、开设更多频次课程，提供了可能。要知道，职业教育的教室场地一般都不大，很多场景下，因为场地限制，后面的排课要等一个月以上才能排得上，而这个时间问题也是造成潜在学员流失的重要原因之一。O2O 的教学层次，可以有效地缓解这一问题。而于时间而言，职业教育一般在三个月左右完成线下教学，遇到复杂的内容讲授不够透彻的，可以转为专项线上课程，由学生线上学习完成；有兴趣的学员，则可以再次套报该专业的专项课程，付费学习。这样，有了线上平台的长尾留存，学生"一生一世"的学习情境是可以期待的。

第二个要点，是考试，在某一些非应试类的专业中，是"日常作业＋毕业作业"。为什么这样说呢？因为如果没有考试、日常作业、毕业作业，教与学就变成了一个纯下行的收听，老师根本不知道学生的掌握情况和消化情况。所以，在 O2O 的教学场景中，考试及作业，也是线上线下一体化完成的。比如，会计类的职业教育，基本所有的做题和模拟考试，全部是基于 APP 端完成的。这就是所谓的"教与学的互动"过程。

图 5-16 恒企教育的"恒企会计"APP 中的题库板块

再比如设计类的职业教育，或者产品经理类的职业教育，由于这些专业没有类似会计证的职业资格考试，学生学习的是技能，所以，考试的作用有一定的弱化，取而代之的是作业。图 5-17 便是一个典型的，将每一个知识点与每一次作业、测验结合起来，组成的一个互动性更强的学习行为动线。

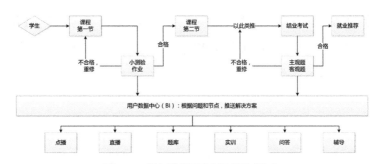

图 5-17 教与学的互动在于考试或作业

不难看出，作业在每一个学习的节点当中，既起到了决定是否让学生继续学下一节、抑或还是重学的判断依据作用，又起到了把数据沉淀到 BI（商业智能）的数据中心，同时根据数据中心里的智能判断给学员推送有针对性的信息和资源的作用。比如，图 5-18 的作业改稿，是天琥教育的页问网上老师和学员之间的互动。

图 5-18　天琥教育旗下"页问网"上的设计改稿案例

通过老师的这一份作业的改稿（左侧是学生原作，右侧是老师改稿）以及标示，"智能学习系统"会知道这个学生的弱点是"背景设计""标题设计""内容排版""产品摆放"——时尚层次感不够、对比度不够、画面呆板等。这个时候，根据第一个要点提到的"知识树"，对应"背景设计""标题设计""内容排版"以及"产品摆放"的案例、教材、视频就会推送给这个学生。

图 5-19　天琥教育旗下"页问网"的设计改稿案例

　　而通过老师的这一份作业的改稿（图 5-19 中上图是学生原作、下图是老师改稿）以及标示，"智能学习系统"会知道这个学生的弱点是"背景设计""色彩搭配"以及"文字排版"三个要素——背景设计与主题不符、色彩老气、气氛沉闷等。这个时候，根据第一个要点提到的"知识树"，对应"排版、按钮和平衡"的案例、教材、视频就会推送给这个学生。

　　也由上面的案例，我们更加明确了职业教育的内核是"经验"和"技能"，而不是"知识"。"知识"是可以通过在线的视频或直播来完成传授的，但"技能"和"经验"更多要靠一对一的辅导、作业、改稿、问答、考试等才能逐步提高。没有一对一的现场辅导，纯线上的知识传授，是无法让学生毕业后达到上岗就业的要求的。这也正是O2O 类职业教育机构强于纯线上教育的内核。

学中：双师模式

传统线下教育和纯在线互联网教育的最大分歧点在于：视频（点播＋直播），到底是否可以替代面授？

这貌似一个无解的问题。面授模式，其优点是教学质量有保证，现场授课有温度感和驱动力，且所有作业有专业老师改稿。但其缺点也很明显：优秀的师资无法复制，地方城市尤其是县镇一级根本招聘不到优秀的老师，而排课受场地限制，学员等候时间长、学习不连贯，以及线下学习学费昂贵而校区开支也不菲，等等。

而在线教育，可以解决优秀老师的规模化教学问题，可以解决空间场地限制的问题，可以解决灵活排课的问题，但是，教学质量却无法保障，学生是否学习无法监控，如果面对海量学员，大量的作业和改稿无法一对一辅导，最后的学习质量也无法保证。这就变成了一种纯知识层面的单向讲授，和职业教育的本质目标相去甚远。

两者的优劣势恰好互补，却又无法融合。于是，在恒企教育、天琥教育等 O2O 教育机构当中，双师模式，作为一种有益的尝试，就应运而生了。这也是智能化、O2O 教学当中的一个重要创新。

所谓"双师教育模式"，顾名思义，就是把"教学"和"辅导"分成两个老师，教学老师可以在远程、在总部通过直播讲课，而辅导老师在教室里的现场，完成现场的督导、答疑和日常作业辅导。这样的分离，实际是再次把业务动作切片，依然是结构化思维的一种实践。分离的结果，一方面可以解决落后地区尤其是乡镇区域没有办法在当地找到优秀老师的问题，通过总部名师的授课，解决了教学质量标准化的问题；另一方面，又通过让学生到教室集体上课，现场有辅导老师监督课堂纪律、回答问题以及辅导作业，解决了上课的驱动力、温度感和一对一实操辅导的问题，既能解决纯线上和纯线下的弊端，还能覆盖到全国更多区域。

不妨来具体了解一下双师教育的场景。

● 授课老师：1名，远程。名师授课，对每个班级的重点作业改稿、讲评。

● 授课助教：1名，远程。对每个班级除了重点作业之外的其他作业，改稿、答疑。

● 导播监控：1名，远程。对所有听课的班级，摄像头监控，保证双向交流。

● 辅导老师：每个线下班级1名，现场。负责现场秩序管理，考勤，日常作业辅导，答疑。

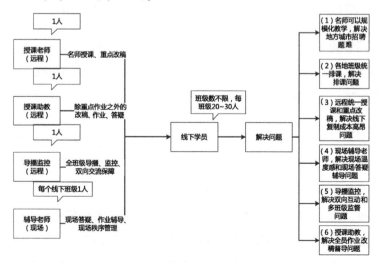

图 5-20　双师模式解析

　　这样的模式下，首先解决的就是学生的人数限制问题。以前，由于授课老师就是辅导老师，按照 1：30 的单人辅导的上限，一个班级一次只能招生 30 人，否则教学质量无法保证，考试通过率堪忧。而双师模式下，一个名师可以同时给各个城市的多个班级授课，突破了人数和空间的限制，而各地的排课也可以统一。授课老师解决的是教学质量标准化的问题，授课助教解决的是全员改稿的问题，导播解决的是多班级督导和双向沟通的问题，现场辅导老师解决的是现场氛围和答疑的问题。更多的职能，被总部远程的角色解决了。现场则变成了一个交付的场所和有学习氛围的场所。双师教育的教学流程如下所述。

- 上午 9 点~10 点，辅导老师（现场）：讲解全员的作业，改稿辅导。
- 上午 10 点 10 分~11 点 20 分，授课老师（远程）：名师，讲授主体课程，30 分钟一节；授课助教（远程）：助教，在线答疑、收集问题、辅助教学；导播监控（远程）：监控，所有班级画面监控；导播，双向互动切换；辅导老师（现场）：场控，维持秩序，督促学习。
- 上午 11 点 30 分~12 点，授课老师（远程）：互动沟通，布置作业，小结。
- 下午全部时间，辅导老师（现场）：监督学生练习，解答问题，快速批阅作品，提交典型作品给主授课老师。
- 其他时间，线上平台（远程）：学生在线上继续通过问答、在线评测、改稿、视频等补充学习。

　　这正是一个理想化的 O2O 智能教学场景，把传统的线下面授、线上远程直播、双师教育、线上互联网平台等多个模式的优势集合于一身。并且，无论是线上或线下的任何动作，其数据和背后的意义，都无一例外地被记录进入了学生的 BI 数据中心里，无法被系统自动识别的部分（比如设计作业学生缺点的问题归纳），由老师手工打标签记录入系统，最终，就形成了基于知识树网络，基于 APP 定向推送的全生命周期 O2O 智能学习的消费体验，而这，正是产业互联网带来的重塑消费体验的结果。

毕业后："一生一世"终身教育的理想

如果说，随着产业互联网的深入，职业教育机构可以在学生在校期间的教学能力方面，逐步达到行业的最高水平的话，那么，在学生毕业之后，有没有可能继续让他留在自己的互联网平台上，实现"一生一世"的终身教育的理想呢？这是所有有梦想的职业教育企业的一个愿景。

前文提到过，"毕业后"这个部分包括"素质学习""职场社交""定制化学习""跳槽加薪"，也就是"再就业"这样四个动作。从职场人的终身成长来说，一定是伴随着终身学习的。然而，"一生一次"的职业培训，是"培训"，以集体授课、结业考证通过、达成就业为核心特征；而"一生一世"的终身职业成长，则未必是"培训"的集体授课模式，甚至大部分用户在完成入门后的职业提升，更多依靠经验分享、散点学习、自学等方式完成，很难再次进入正规化的培训场景。更为重要的是，做"一生一世"的终身教育，对职业教育机构的要求，其实发生了微妙的变化。在做入门级的职业教育的过程中，职业教育机构是"培训公司"；而在做终身教育的过程中，职业教育机构需要增加两重身份——"互联网平台"以及"行业公司"。比如，一个设计的学员毕业后，在职场上，他的属性是一个"设计师"。那么，只有"设计师的互联网平台"，才能够吸附他。设计师的互联网平台，需要有各种设计的工具、素材、资源、商机、案例等，和教育有交集但又不全是教育相关，于是，如果想让所有的毕业后学员继续留在自己的互联网平台上，就需要跨界去做一个"设计网站"，进而在某种程度上和垂直设计的媒体站、资源站、素材站等有了一定的竞争关系。无论是"行业公司"还是"互联网平台"，又都不是职业教育机构所擅长的。所以，至今为止，绝大部分的职业教育机构，获得的都还是学生从 0 到 1 的这一重"入门价值"，而不是后续的长尾价值。后者的交付场景的确还是"教育"，但未必是"培训"。"一生一世"终身教育的理想，仍是一个所有职业教育企业在努力实践、突破自我、跨界融合的命题与难题。

管理者角色：产业互联，效率提升

虽然本章重点阐述的是产业互联网给职业教育行业带来的"重塑消费体验"的结果，但与此同时，产业互联网也一样给职业教育带来了提升效率的巨大空间。如果说"重塑消费体验"的主角是用户，那么"提升效率"的主角就是管理者。作为职业教育的管理者，产业互联网带来的最显性的变化莫过于，以往的口号、概念全面被数字化考核和严谨的 BI 统计标准化。以恒企教育提出的"校长责任制"为例，恒企教育提出了管理层面的 4 大类指标和 16 小类指标，包括了教学、运营、团队、财务等方方面面的细则。在没有产业互联网化之前，除了财务指标的部分数据，可以从财务 ERP 软件中提取之外，其他的管理目标，很容易流于形式和口号。但有了产业互联网和大数据的经营思维和策略，就有了一整套 BI 智能分析系统的支撑，从而让教育管理的效率得以质的提升。恒企教育把校长责任制的 16 个指标的每一个指标的提取，都通过产业互联网化的 BI 系统完成了标准化，形成了最终的"恒企指数"。面对旗下 200 多个校区的 16 项指标，也就是超过4000 个关键数据的每日变化，通过提炼关键数据建立模型、关键动作单元关系设定等方式，逻辑清晰和条理明确地做到了像股市 K 线图一样的直观和精确，进而，让从总部到大区到校区的管理层，清晰而明确地知道自己究竟是在教学、还是在运营、亦或还是在财务的哪些环节有不足，总部也进而可以根据这张总的"晴雨表"，来及时地给出策略调整以及人力支持等。甚至每一个老师的星级评定，也可以根据这个 BI 中的多种关键数据加权评分而成。这就是典型的通过将线下动作信息化、数据化，并通过标准化定义再来指导线下、考核线下和帮助线下的全过程。

无论是以"提升效率"为目标的管理动作，还是以"重塑消费体验"为目标的客户动作，都要基于互联网产品而发生。前端的 Web 网站、H5 移动网站、学生端 APP 更趋近消费互联网端的产品，而后台的老师端 APP、BI 系统、CRM 客户关系管理系统、招生管理系统、教学系统、教务系统、各角色的评价系统等，则是更趋近产业互联网端的产品。消费互联网与产业互联网，在大数据 BI 处完成了前后端数据的统一汇总，进而让学员、老师、员工三者的全角色、全动作切片数据得以标准化地上传、分析与下行推送。这个过程，正是产业互联网在"提升效率"与"重塑消费体验"目标上的双重结果导向。也因此，职业教育也成为了产业互联网实践方法论的典范性行业。

第 6 章

拥抱变化：传统产业进化的趋势与预言

某种意义上，产业互联网也是一个"节点"—— 一个连接着历史与未来的节点。如果本书中论述的有关产业互联网的理论与实践是经得起推敲的，那么，它们则在一定程度上可以预言未来。传统产业的变革，不是简单的转型或自我颠覆，而是在尊重历史和行业基础上的"进化"。这种进化，既需要勇敢和坦然地拥抱来自产业互联网的变化，同时也需要清醒的认知自身行业和企业的能力边界、优势资源和本质商业模式，防止被各种思维或模式忽悠，从而真正实现"＋互联网"式的升级。围绕传统产业进化的趋势，本书抛出了关于未来的 5 条预言，都与本书中的理论、案例息息相关。解读这 5 条预言，则既是对本书的主题——产业互联网的一次另类总结，又是对泛传统行业如何进化的一种指导。

1 2016 年倒闭的是传统制造业，2017 年倒闭的是互联网泡沫企业

为什么传统的制造业会出现倒闭潮？第一，宏观经济环境的变化，新常态的出现，产能过剩，下游出现了供过于求的问题，导致了上游的传统制造业危机。第二，传统制造业自身转型缓慢，观念、人才、模式等没有办法快速顺应趋势和外部环境的变化，导致自身被淘汰。

而互联网泡沫企业又指的是哪些企业，为何会出现新一轮的倒闭潮呢？

我认为，互联网泡沫企业，至少包含四类企业。第一类，做概念拼贴、偷换、包装的互联网企业。它们的模式并没有本质创新，却拼装出各种务虚或时髦的概念，试图通过不断融资为自己续血。这类企业，会因为自身的商业模式经不起推敲而终被投资人舍弃，进而现金流断裂而倒闭。表 6-1 是网络上流行的一种趣味诙谐的说法，但一定程度上也折射出本文提及的"概念拼贴"的核心症结。

表 6-1 网友对"概念拼搏"的调侃

原模式	新概念
高利贷	P2P
乞讨	众筹
八卦	自媒体
统计	大数据
忽悠	互联网思维
耳机	穿戴设备
办公室出租给公司	孵化器
办公室出租给个人	众创空间
捣乱	颠覆式创新

第二类，追逐短期套现、缺乏企业家精神的互联网企业。这类公司的共性是：核心团队本质上没有脱离职业经理人的心态，管理和战略高度较严重地匮乏，在所谓的各种新风口、伪风口上获得投资，并往往大量通过自消费、刷数据、刷榜单、走流水等人为手段美化自己的产品数据或经营数据。这类互联网企业对于中短期能快速套现、卖掉公司或被并购，有强烈的追求，而缺乏做中长期艰苦创业的心态和准备。如果说第一类企业是模式不行、事不行，那么这一类企业就是人不行、团队不行、初心不行。

第三类，自造血功能严重不足的互联网企业。在资本未遇冷之前，对于互联网类企业的自造血功能，虽然也有要求，但尚未太过苛刻。但时至今日，除了少数已经有资本大鳄或独角兽级别的企业投资的公司，绝大部分垂直行业的跟随者，也就是垂直行业第一名之外的几十个，甚至几百个"烧钱"的互联网企业，它们的故事会越来越难讲。

第四类，纯靠单一的互联网大平台供给，甚至贴补的互联网企业。这类企业本质上说并不算互联网公司，更像是一个 OEM（原始设备制造商）的外包服务商，比如做内容制作的、人员经纪的、流量优化的，等等。这类企业，往往只能靠一个行业在高速上升期的一段时间，跟着大平台、投资者的烧钱以及膨胀的概念而赚一笔快钱，一旦他们的上游平台出现问题，或者是这个垂直行业进入稳定期，这种红利就会快速消失。行业数据及客户效果的趋于真实和透明，行业标准的建立，信息不对称的消除，是导致这类顺风车类的企业红利消失的必然原因。而偶然的原因，则往往是上游大平台的人事变动、政策变动、资本市场的认可度变动，甚至是行业关键领袖人物的认知变动等。

但相比前三类，第四类企业在 2017 年的日子会好过一些。究其原因，首先，大平台进入一个市场的成本是较高的，轻易不会中途放弃，而且随着各自的竞品争相进入，更不容易退出，所以，跟随的这些 OEM 服务商，可以获得红利的周期是更长的。其次，当下仍然有巨大利润红利的一线的互联网平台，由于缺乏各大传统行业的经营积淀、更缺乏线下实体经营的经验和人才，所以，它们进入到各大产业互联网领域的难度极大，失败概率也极大，哪怕是投资并购类的动作输出，也不会那么快捷和高频。所以，它们能把资金和团队输入的最快的行业，就是文创行业，也就是所谓的大文娱、泛娱乐。围绕着文学、影视、音乐、游戏、体育、直播、二次元等热门垂直行业的各类业务升级、收购并购，会继续热门一段时间。这种机会给了下游的 OEM 服务商们极大的刺激，进而，刷数据类的灰色公司的泡沫，也依然会持续一段时间。但这种短期的持续性，给企业和创业者带来的负面影响更为深远——它只有不到百分之一的成功概率（实际是套现概率），却要以牺牲这批团队本可以拥有的企业家精神的心智、最佳的黄金年龄和更长远的个人成长机会为代价。

2 纯线上的互联网，正在成为传统行业

相对产业互联网而言，传统行业有两种，一种是纯线下的生产制造业和服务业，另一种是纯线上的互联网产业。

为什么纯线上的互联网产业，也正在成为传统行业呢？我认为，有以下三点信号，很准确地传递着这个结论。

第一，业务本体逻辑上（不包括流量采买合作关系）不和任何线下实体行业发生联系的互联网企业，只有两类，一类是平台，另一类是泛娱乐。互联网的上半场，成功的也正是这两类企业，前者的代表是 BAT，后者的代表是诸多垂直行业比如网络视频、网络游戏等。但一如本书第二章里的论述，随着人口红利消失，包含 BAT 在内的全互联网行业的 GMV 停留在几千亿元人民币（2015 年在 6000 亿元左右）、难以突破万亿，其中近一半的产值还是 BAT 三家贡献的。这个数据，无论是和其百倍、千倍溢价的企业估值对比，还是和众多轻轻松松 GMV 产值几万亿元人民币甚至十几万亿元人民币的传统产业相比，都相形见绌很多。更致命的是，纯线上的广告、游戏、电商等变现模式的真实增速都在放缓，而且看不到再次飞跃的契机在哪里，行业内甚至已经把希望寄托在类似 VR、AR 这些尚未普及前景也尚不明朗的下一代产品身上。也就是说，纯从 GMV 产值能力看，当下甚至

几年之内的整个线上互联网行业，还抵不上某一个传统行业下属的某一类垂直细分行业。而从创新性上审视，就平台而言，难以再横空出世独角兽；就泛娱乐而言，也是热闹大于实质。

第二，除了上两类互联网企业之外，其他互联网业务，基本都会和传统线下实体业务有深度关联。比如电商，随着"新零售"概念的提出，未来纯线上的电商将成为"传统模式"，而电商的核心竞争将从线上流量分发转移到物流、仓储等线下能力上。比如京东，其所谓的互联网大数据能力，是对某一个地区每种消费单品的消费需求的预判和提前供货能力，但这个大数据能力的落地，是需要在每个细分区域都有庞大而健全的仓储基地以及物流能力为前提的；否则，配送的效率、速度和体验是无法达成的。而在互联网行业应用中，迄今为止，纯线上模式的互联网企业，基本还没有出现能形成商业闭环、规划化盈利的，比如纯线上的在线教育、纯线上的房产经纪平台、纯线上的垂直电商等。这些没有线下实体支撑，完全走线上交付的模式，如果没有资本支撑，没有自己刷数据的美化，往往是惨不忍睹的。也正因为此，这些模式的互联网企业，正在纷纷走向线下、或深度结合线下，其成长的路径就是在否定自己的过去。

以房产经纪行业为例，第一波从线上走向线下的，是搜房网，但它自己开设直营店、低价策略抢中小中介飞单的模式，既伤害了行业，也伤害了自己，更导致其持续的巨额亏损。而第二波从线上走向线下的，是前两年一直号称要用互联网取代线下门店的爱屋吉屋、悟空找房等互联网房产平台。随着它们发现纯线上模式不仅商业模式无法闭环、资本市场也不再认可，它们开始用轻加盟的模式对线下的中小中介翻牌，尝试做特许经营的生意。第三波，则是之前定位在 SaaS 平台服务的易居房友等工具服务商，在发现 SaaS 工具模式很难赚钱、没有想象空间和资本溢价空间之后，也转而试图通过特许加盟模式来经营自己品牌的线下门店。无论这些不同轮次的线上平台，报以什么目的，以什么方式进入线下，都意味着纯线上模式，已经成为"传统"，未来很可能消失殆尽。

第三，传统企业也正在纷纷成为互联网企业，或者准确地说，是产业互联网企业。以后，没有完全的传统企业，也没有完全的纯线上互联网企业，如果有，那它们绝对都是"传统企业"。未来随着产业互联网的普及，互联网企业的边界会越来越模糊。而随着实体经济的各大巨头，都从对内的全角色全流程的信息化管理、对外的互联网引流和消费端体验升级方面，纷纷互联网化、移动化、物联网化、大数据化，开始沉淀自己的用户中心，甚至开设增值业务，那些只做线上、越做越窄、越竞争格局越小的互联网企业，所在的市场总盘将会非常局限，或者实际真实增速非常有限，进而形成恶性竞争的、泡沫化的、无利可图的市场氛围。而这种氛围，正在让这类互联网企业，也开始变得越来越"传统"。

提醒读者，不要再简单地迷信"互联网"三个字，互联网不是万能的，更不是套上互联网就是未来。甚至，纯线上的互联网企业，正在变成不折不扣的传统企业。不要认为互联网企业是无往而不胜的，事实上，从 2000 年至今，已经有很多的全球 500 强企业死于没有顺应时代趋势的变革。迷恋纯线上而忽视线下，缺失对实体经济的了解和理解，不认可产业互联网的趋势和必然，那么，无论你现在是多大的线上互联网企业，都有可能会步入它们的后尘。

3 企业的核心竞争力不再是关系和资源，而是一个优秀的机制

我国的红利，正在从制度红利、人口红利，转入到文化红利。而我国的竞争力，也正在从自然资源、制度切换成文明。我国传统的暴利产品、暴富手段将消失，而产品的厚利时代（增值）将到来。

在这种趋势下，企业的核心竞争力不再是关系和资源，而是一个优秀的机制。怎么理解这个机制呢？

机制，简单理解起来，可以是一个规则。比如说，滴滴打车为了让司机更愿意接短途的乘客，曾经使用过"滴米"这样一种虚拟货币——短途的乘客发起请求，尤其是在无人应答之后再次发起请求，这种场景下司机抢单，就会得到更多的"滴米"奖励。而"滴米"又决定了司机是否有更高概率抢到长途的大单，比如要去机场的乘客发起的请求，司机抢单的前提是至少要扣除几百"滴米"，如果司机账户上的"滴米"不足，无论你抢得再及时、距离再近，也无法得到这个机会。通过这样一种"机制"，就实现了短途和长途、无利可图的单和有利可图的单之间的平衡，进而让用户的体验得到了改善，解决了以往短途乘客发起的请求无人响应的问题。这样一个简单的例证，说明了在产业互联网的趋势下，提高效率、重塑消费体验，往往都来自企业内部的不断创新，也就是更为优秀和合理的机制的推出。这和以往靠上下游关系、靠独占性资源而获得份额的时代已然不同，因为

依靠机制竞争的时代，是一个更开放和更市场化的时代。

而机制的背后，则势必需要资源的积累和支持。为建立一个机制和规则而付出的资源，哪怕是阶段性的烧钱投入，也很可能是有价值的。比如做家政保洁市场的第三方平台 APP，无论是"e 家洁"还是"阿姨帮"，如果没有足够规模的通过 APP 下单的用户，那么它们针对阿姨的各种规则和机制，将毫无约束力可言。比如，要求每个阿姨每个月完成 50 单的平台任务量，这是一个最基础的机制，或者说规则。在没有资源的平台，这个规则可以被阿姨熟视无睹，每一个平台派发下去的客户，阿姨第二次就可以撬走变成自己的私客；而对于有资源的平台，则恰恰相反，哪怕客户希望绕过平台找阿姨做保洁，阿姨还是会要求客户通过平台下单，因为她如果不能完成平台的各类"机制"和任务，将会被降权、降低分佣等级，直接影响后续的接单能力和收入。同样的，在房产经纪行业，特许加盟模式下的统收统付在一定阶段内，一定会面临着加盟商的逃单、瞒报。但当系统级客源和商机的派发规则中，优先考察经纪人的成交效率这个项目的时候，经纪人就变成了监督自己老板的角色。因为一旦自己的老板，也就是加盟店店东想把某一单瞒报，就势必影响具体操作的这个经纪人的成交效率，让他在后续的系统派单的优先级中被降权，进而一定会影响他本人的业绩和收入，甚至是一个恶性循环的开始。这样，经纪人为了自己后续的竞争力，就不会允许自己的店东瞒报，甚至会举报瞒报数据的店东。而这样有趣、生动的机制背后，同样需要足够大的系统级客源的规模来支撑。可见，机制和资源又是密不可分的。

如果说上述的案例，都是平台级，或超大型企业才可以建构的"机制"，那么不妨再从最微观的角度，看一下"机制"其实是无处不在的，只要一个传统的产品愿意进化，它就可以通过增加某种"机制"而变得更多元、更智能，并随之而来更多的商业秩序、商业机会甚至商业模式。

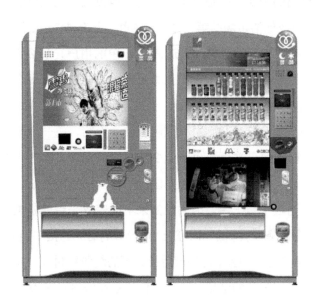

图 6-1 微软智能系统的自动贩售机

图 6-1 是零售行业的一个案例，是应用了微软的智能系统的新型自动贩售机。它和传统的老模式的自动贩售机最大的不同，在于一个"产品机制"的创新——通过摄像头以及智能图像识别，来判断机器前面有没有顾客，进而决定触摸屏是播放广告还是展示商品。以往的老模式当中，由于贩售机就是一个零售网点，属性单一，所以它的物品前面就是一个玻璃罩子。而当这个玻璃罩子升级成一块触摸屏幕之后，当它上方的摄像头判断比如 30 米内没有顾客停留的时候，这块触摸屏会变成广告大屏幕，按照广告主投放的素材开始播放广告；而当

摄像头发现顾客走近之后，触摸屏就变成了电商的选择屏，让顾客选择商品购买。这个看似微小的"机制"和"判断"的增加，直接将零售行业和广告行业做了跨界融合，让数不胜数的街边贩售机，变成了又一个新型的户外媒体。

可见，一个优秀的"机制"，小则可以改变一个产品，中则可以改变一种协作共赢关系，大则可以改变一个行业乃至一个生态。

4 融合、跨界、互联网依然是企业征战的主题

融合、跨界、互联网，这是三个极高频出现的主题词。那么，这三大主题是如何出现的呢？

首先，还是基于新常态下的制造业倒闭潮，工厂数量在减少，大量蓝领失业，同时服务业进一步兴起，以及不少制造业服务化转型，都吸纳了更多服务业从业人员。这个过程，本身就是制造业和服务业之间的跨界和融合。

其次，服务业本身也陷入了红海的同质化竞争。同质化和红海，就意味着价格战，而价格战就导致没有利润的恶性循环。直营业务如此，加盟业务则甚至出现了特许方倒贴装修费、倒贴资金吸引门店加盟的模式，更进一步加剧了中小品牌生存的难度。所以，无论在哪一个细分的服务行业或零售行业，如果没有品牌和资金的优势，很可能就需要从跨界融合的角度寻求变局，寻求差异化。本书第一章曾提及一个日化行业的案例——诺曼姿身心灵驿站。这个案例就同时吻合了

融合、跨界、互联网三个主题。诺曼姿本身是一个精油护肤的品牌，属于日用化妆品的行业，但进化升级之后的诺曼姿的后缀，变成了"身心灵驿站"，带上了心理咨询的属性和标签，成为了"精油＋心理咨询"的跨界品牌，而行业之间的融合也恰到好处、无缝接合。从大环境上看，健康问题、心理问题会越来越凸显，大健康产业会进一步扩大。而人与人之间的独立性在增强，人们更加愿意追求内心的幸福。诺曼姿身心灵驿站的推出，于"身"方面，通过专业精油、手法、养生知识等帮助用户调理亚健康问题；于"心"方面，通过心理学的知识和课程，帮助同样是这批用户解决因家庭、婚姻、孩子教育等问题带来的心理健康问题。内悦心、外养颜，通过"精油＋心理咨询"实现品牌和用户之间的强链接。而在理念的落地方面，包括 ERP 信息化系统、CRM 客户关系管理系统、BI 数据分析系统、调理计划用户端产品、健康顾问移动端作业工具、用户转介绍积分商城、全自动交易结算系统等互联网全套的系统和产品，让上述跨界、融合的转型得以顺畅的落地、执行、复制，从而快速实现全国的连锁加盟。

无独有偶，在清洁行业的转型案例中，也有一个类似的有趣故事。原来有一位在美国公司打工的员工，他负责清洁器械设备和清洁药剂的销售。在这个过程中，他发现其实中国本土市场更需要"制造业服务化"，因为这些销售出去的清洁设备和药品，没有标准化、体系化、专业化的服务和应用，是无法给中国的家庭和企业带来深度清洁的。而无论螨虫过敏、甲醛超标给人们健康带来的隐患，还是酒店里的各种卫生问题的曝光，都无一不启示着，清洁行业的核心其实不在于设备和药水，更在于服务者和服务标准。然而，说服海外公司从生产制造业转型到服务业，是一件几乎不可完成的任务。于是，他创办了自己的公司，开始了"制造业向服务业"的跨界尝试。

中国的清洁行业，绝大部分只是"保洁"而不是"清洁"，更没有专业的消毒、除螨、杀菌等深度服务。在普通家庭保洁领域，随着前几年家政 O2O 的贴补和烧钱，一个阿姨一个小时的服务客单价普遍在 25 ~ 30 元，公司或平台扣除 5 元的平台费，都常常会让阿姨无法接受而逃单——俨然已经成了一个超低毛利的市场，根本无法按国际清洁标准来提供专业深度的服务。而常规的酒店清洁，由于国内整体酒店业并不景气，加上清洁属于纯成本项的支出，所以这个行业普遍的清洁外包价格是 7 ~ 11 元一间房间。这种价格又能有什么空间去加入对地毯、墙纸、毛巾、沙发这些藏污纳垢的地方的深度清洁呢？所以，面对这样的一个服务业市场环境，只有追求"品质消费"的家庭用户，才可能消费专业深度的清洁服务。而在给这批"品质消费人群"提供深度清洁服务之外，依靠什么才能把这种低频、浅度的服务业，变成更具黏合力，甚至文化色彩的服务业呢？

创业者想到了"扫除力"文化。"扫除力"不等于"扫除"，它是一种通过扫除而产生的魔力。它不仅包含有外在的清扫，也包括内心的自省而达到的良性磁场的塑造。它不单单可以让房间变得整洁，也可以打磨出你自身的光泽，这种神奇的魔力被命名为"扫除力"。于是，"专业深度的清洁服务＋扫除力文化倡导"，就让一个原先单一售卖清洁药剂和清洁设备的生产制造业模式，升级成了"服务业＋生产制造＋文化倡导"的跨界、融合新模式。而被深度清洁服务和扫除力文化感染的会员，就会变成地地道道的"粉丝"；而后续长尾的清洁消费乃至转介绍，就变得更加顺理成章。

5 2017 年中国最大的红利，是重构人与人之间的信任关系

如果说前 4 条预言和趋势解读都是关于战略的，那么最后一条预言，则是关于策略的。2017 年我国最大的红利，是重构人与人之间的信任关系，这在服务业、零售业等尤其明显。而这一条，和产业互联网的关系也很大。因为如果这个预言和趋势是真理，那么解决很多传统行业症结的关键点，就在于解决"信任"问题，也就是说，产业互联网要通过互联网的工具和手段，来助力解决重构人与人之间的信任关系。

比如家居行业。在以往的模式中，装修完成的业主，一般靠逛家居卖场的方式，来完成室内灯饰、窗帘、家具、家饰等的采购和布置。然而，家居卖场里的商品五花八门，摆放在开阔的样板间里都是那么的吸引人，如何判断买回家之后搭配起来是否好看呢？业主越来越挑剔和怀疑，销售员则越来越能说会道，商家则越来越通过折扣和赠送方式来试图讨好用户，但结果是卖场的生意越来越不好做了，商户一个月成交不了几个客户。然而家居类客户也并没有被电商抢走份额。事实证明，客单价高、标准化程度低、追求体验感的家居类商品，在纯电商的场景下是无法独立销售的。那么，问题显然就出现在了"信任"上，用户通过卖场里的销售的介绍，是很难做出判断和决定的。于是，一种借助互联网智能设备的商业机会，就应运而生了。

以微软的 Hololens 为代表的新一代 MR（存储器读出）增强现实

眼镜，可以通过佩戴眼镜之后看到的实景，叠加上通过手势拖曳出来的虚拟景物，最终看到真实加虚拟合成后的场景。如果我们把灯具、家具等商户的商品的 3D 模型，通过安装在 MR 增强眼镜里的 Unity 3D 引擎实时渲染出来，在用户的家中，通过手势拖拽摆放在对应的位置，就可以让用户在自己装修好的家中，实时预览、搭配、替换各类家居物品。而这一切，只需要一台 MR 的增强现实的眼镜，以及一位设计师到用户家中的免费设计，如图 6-2 所示。这种高科技体验式的上门服务，搭配在用户逛完卖场之后，对消费体验的重塑、购买概率的提高，无疑有着质的飞跃。一旦用户在眼镜中觉得满意，直接可以完成下单，这个过程，正是线下（卖场）到线上（MR 增强现实＋在线订单）再到线下（配送、安装和售后）的产业互联网化的完美案例。其最大的创新，不是设备本身的高科技，而恰恰在于设计师使用这个高科技的智能设备，解决了人与人之间的信任问题，重构信任的过程，就是重塑消费体验的过程，也是提升成交效率的过程。

图 6-2　微软的 Hololens 增强现实眼镜

而同样是重构人与人之间的信任关系，在家居的上一个环节——装修业务当中，如果简单套用上述的 MR 高科技设备，则往往不但不能实现和用户之间的信任关系，反而会让用户觉得服务商华而不实、价格虚高和不接地气。因为装修的硬装部分，是在毛坯房基础之上的基础设计，如果戴上眼镜，从木地板到吊顶、从开关到门窗一点点摆放拖曳，对用户而言可能不但不是在搭配，而是一种莫名其妙的折磨——这明明应该是设计师一张 3ds Max 效果图就可以解决的基本问题！而软装部分，也就是家居部分，是在装修完成之后，分批次地、对某些单元的搭配和装饰，比如客厅的沙发、全屋的灯具，等等。这个时候，搭配和选择的重要性就凸显出来，而这个环节，MR 增强现实才是正向价值输出。那么反过来，在装修业务当中，什么样的产品能解决人与人之间的信任增强问题呢？

装修业务中的人与人的关系，首先是设计师、工长与业主之间的信任增强和满意度增强，之后还有可能是业主和他的朋友之间的转介绍和推荐关系。广西的家之宝互联网装修，创新性地使用了一种"时间相机"的拍照方式（也就是在每张照片上通过水印打上年月日的时间和地理位置信息），并通过一个瀑布流相册样式的移动网页，将业主房间从毛坯到完成的45天的全过程进行了详细的记录，如图6-3所示。

这个 H5 的小产品，就非常轻盈却又恰到好处地切中了装修用户的信任痛点，极大地提高了客户的好感度和亲切感。这种信任关系的增强，带来的价值是双重的。首先，客户对服务商的满意度极大增强。因为此，他们在社交媒体分享成为了必然。其次，这种内容的分享，又会带来朋友圈其他潜在客户的好感和真切感，进而页面上预留的预约报名和免费设计等功能，就有了更高的转化率。可见，产业互联网给一个行业带来的，未必是多么庞大的系统、产品或数据能力，往往围绕着人与人之间信任建立这个红利去设计一些小工具或小产品，就能以小博大，获得意想不到的效率提升和体验升级。

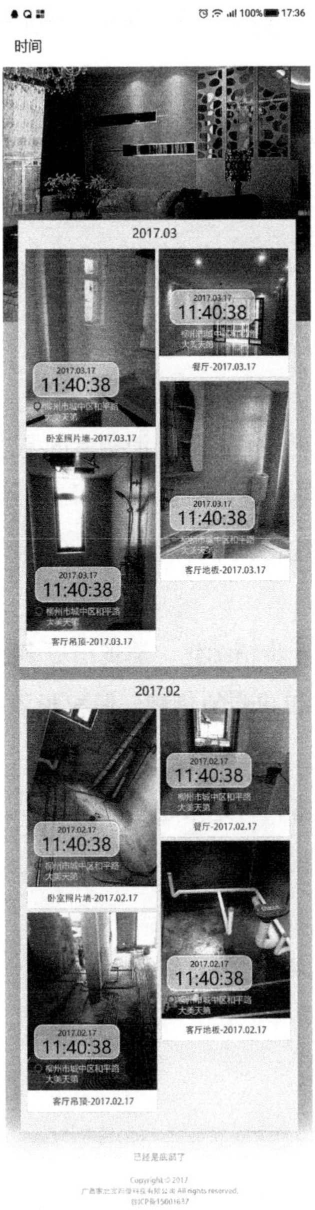

图 6-3 家之宝互联网装修的"时间相机"记录业主装修全过程

6 尾声：另外 7 条预言

由于时间和篇幅所限，对于未来趋势的猜想和预言，就不一一展开解读了。除了上述 5 点之外，还有 7 条与本书内容有所关联的预言，罗列于此，权作尾声。

（1）供应链开始逆袭，消费者开始决定生产者，并且开始参与生产制造环节。

（2）如何更快、更好地对接到消费者的需求，成为各大平台的核心任务。

（3）定制化、个性化、个体化是产品的三大主题，并且附带着强烈的文化气息。

（4）社会分工进一步精细化，涌现出更多的垂直领域。

（5）将出现重组和并购的热潮，股权投资依然是 2017 年最好的投资。

（6）有钱人的财富，将越来越趋向于虚拟，比如估值、市值等。

（7）我们将从自然资源的开发，转向文化资源的开发。